一本书读懂
ChatGPT

杨宽 汪港 张翔 等著

化学工业出版社

·北京·

内容简介

本书围绕 ChatGPT 背后的技术原理、发展历程及广泛应用进行介绍，深度解析了 ChatGPT 这一生成式 AI 对话大模型的崛起与影响。

本书首先探讨了 ChatGPT 的本质与内涵，包括深度学习、自然语言处理、Transformer 模型等核心概念，为读者揭示了 ChatGPT 的技术基础；接着，分析了 ChatGPT 火爆全球的原因，探讨了其核心优势、社会影响及潜在应用场景；同时，本书还追溯了 ChatGPT 的起源与发展历程，讲述了 OpenAI 的崛起之路和产品创新。此外，本书也关注 ChatGPT 的能力边界与局限性，提醒读者正视 AI 技术背后的风险与挑战。针对读者实际需求，本书还提供了利用 ChatGPT 创造经济价值和上手使用 ChatGPT 的实用指南。

本书逻辑结构清晰，内容深入浅出，既有技术干货的深入挖掘，也有商业思考的独到见解。无论是对 AI 技术感兴趣的读者，还是 AI 领域的专业人士，都能从中获益匪浅。

图书在版编目（CIP）数据

一本书读懂ChatGPT / 杨宽等著. -- 北京 ： 化学工业出版社，2025. 3. -- ISBN 978-7-122-47029-4

Ⅰ. TP18

中国国家版本馆CIP数据核字第20251YE475号

责任编辑：曾　越
责任校对：赵懿桐
装帧设计：王晓宇

出版发行：化学工业出版社
　　　　　（北京市东城区青年湖南街 13 号　邮政编码 100011）
印　　装：河北延风印务有限公司
880mm×1230mm　1/32　印张 8¾　字数 249 千字
2025 年 4 月北京第 1 版第 1 次印刷

购书咨询：010-64518888　　　　　售后服务：010-64518899
网　　址：http://www.cip.com.cn
凡购买本书，如有缺损质量问题，本社销售中心负责调换。

定　　价：79.80元　　　　　　　　版权所有　违者必究

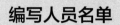

编写人员名单

杨　宽　汪　港　张　翔　陈　啸
陆盛赟　杜　波　逯建枫　魏　昌
张庆泽　卜令山　王　宽

ChatGPT

ChatGPT

在瞬息万变的科技时代，人工智能以其无可比拟的速度与深度影响着我们的生活、工作与思维方式。尤其是近年来，随着大规模语言模型的崛起，AI的应用场景愈发丰富，ChatGPT作为其中的佼佼者，以其卓越的能力和令人瞩目的用户增长，引发了全球范围内的热议与探索。

本书的诞生，正是基于作者对这一伟大技术变革的无限激情与坚定信念。ChatGPT不仅是单一技术的体现，更是一场智慧与创造力的革命，它将我们引向更加智慧的未来。我希望通过本书，带领读者一起踏上一段奇妙的探索之旅，深入剖析ChatGPT背后的技术原理与发展历程。

本书从多个角度出发，探讨ChatGPT是什么、为何如此盛行以及它背后的技术与应用。追溯其起源，追寻OpenAI的奋斗历程，了解技术背后优秀团队的努力与奉献。同时，我们也必须理清并关注ChatGPT的局限性及潜在风险，倡导负责任的AI使用。

该书的编写者们借助他们的智慧与经验，为本书提供一个全方位的视角，让读者不仅能了解ChatGPT的技术机制，更能洞察其在各行各业的实际应用及未来前景。

尽管已有许多关于ChatGPT的书籍问世，但每一本书都能从不同的角度和维度传递独特的见解和灵感。这本书也不例外，它希望以一种通俗易懂的方式，激发起读者对AI世界的热情与好奇。

我们处于一个信息迭代不断加速的时代，ChatGPT的技术与应用可能在不久的将来就会发生显著变化，但无论如何，能够陪伴读者走过这段旅程，是这本书作者的最大荣幸。愿我们共同见证这一时代的变迁与进步，启迪未来的无限可能。

陈定方
武汉理工大学教授
博士研究生指导导师
欧洲科学院院士

溯本求源

在AI这一虽非新兴却以雷霆之势席卷全球的领域中，我们正目睹着一场前所未有的认知革命。这个瞬息万变的时代，大模型、端到端技术、自动驾驶、具身智能、人形机器人等新兴概念如雨后春笋般层出不穷，一波又一波的热点和创新浪潮不断拓宽着我们的视野，既令人心潮澎湃，又让人略感迷惘。

我深受庄子《齐物论》中"万物齐一"思想的启发，认为万物在本质上存在共通之处。正如古语所云："以物见物，以物见神"，要洞悉事物的本质，就必须追溯其根源，回归原点，进行一场溯本求源的深刻探索。而在我眼中，ChatGPT正是这场探索之旅的起点。

ChatGPT，这一由OpenAI在2022年11月推出的生成式AI对话大模型，以其惊人的发展速度和广泛的应用潜力，迅速成为了全球关注的焦点。在短短60天内，其月活跃用户就突破了1亿大关，创造了史上用户增长最快的奇迹。我坚信，ChatGPT不仅是我有生之年所能见证的最具革命性的通用目的性技术之一，其深远的影响力更将比肩工业革命，为人类社会的进步与发展注入新的活力。

正是基于这样的背景与认知，我萌生了撰写这本关于ChatGPT的书籍的念头。我希望通过这本书，为读者打开一扇全面了解ChatGPT及其背后AI技术的窗户，让读者在领略AI魅力的同时，也能从中汲取智慧与灵感。此外，我还希望这本书能够成为记录这个时代变迁与进步的一份珍贵印记。

在撰写过程中，我有幸邀请到了资深科普作家汪港老师和高校教授张翔老师共同加盟。他们的加入不仅为本书增添了更多的权威性与专业性，更使得我们的探讨深入、全面。

本书的逻辑结构清晰明了，共分为六章。第1章，我们深入探讨ChatGPT的本质与内涵，包括深度学习、自然语言处理（NLP）、Transformer模型、算法、算力等核心概念，为读者解答"ChatGPT是什么"的问题。第2章，我们分析ChatGPT火爆全球的原因，探讨其核心优势、社会影响以及可能的应用场

景，从不同维度解答"ChatGPT为何如此受欢迎"的问题。第3章，我们追溯ChatGPT的起源与发展历程，讲述OpenAI的崛起之路、产品本身的创新之处以及巨头间的竞争态势，为读者解读"ChatGPT是如何炼成的"的奥秘。第4章，作为第2章的延伸与拓展，我们讨论ChatGPT的能力边界与局限性，提醒读者关注AI背后潜藏的风险与挑战，倡导安全、可控的人工智能发展理念。第5章与第6章则更加贴近读者的实际需求，分别探讨如何利用ChatGPT创造经济价值以及普通人如何上手并玩转这一技术，为读者提供实用的操作指南与技巧。在本书的结尾部分，我们进行了一场关于AI技术未来发展的畅想与展望，为读者描绘一个更加宽广的视野和思考空间。我们希望通过这本书，让读者在领略ChatGPT魅力的同时，也能对AI技术的未来发展有更加深刻的认识和期待。

值得一提的是，本书得到了刘科、任起龙、方明、陈定方四位院士的鼎力推荐，这对我来说既是莫大的荣幸，也是巨大的鼓舞。我认为这是一本适合各年龄层读者的作品，既有技术干货的深入挖掘，也有商业思考的独到见解，还有上手指南的贴心指导。尽管市面上已有不少关于ChatGPT的书籍问世，且未来还会有更多同类作品涌现，但我相信本书依然能够凭借其独特的视角和丰富的内容占据一席之地。

作为AI行业的从业者，我深知技术的日新月异与瞬息万变。因此，在撰写本书的过程中，我们尽力让读者接近真相的核心，但真正的真相却永远在变化中难以触及。尽管如此，我们还是希望本书能够成为读者探索AI世界的一把钥匙，为他们打开一扇通往未来的大门。

我要衷心感谢我太太叶薇的无私奉献与支持。这本书不仅是我对ChatGPT及AI技术的探索与总结，更是我对家人、朋友以及所有关心和支持我的人的感恩与回馈。我愿将这本书献给我的儿子，愿他能在未来的人工智能时代中茁壮成长，成为推动社会进步与发展的栋梁之材。

杨宽

第1章

引爆全球的 ChatGPT
是什么？

001 ~ 052

1.1 什么让ChatGPT出手不凡？ 002
　　1.1.1 深度学习的狂飙 002
　　1.1.2 从无人问津到火爆出圈 006
　　1.1.3 出道即巅峰 009

1.2 什么是大语言模型？ 011
　　1.2.1 自然语言处理的五级跳 011
　　1.2.2 破解三大难题 014
　　1.2.3 Transformer横空出世 016

1.3 ChatGPT如何大力出奇迹？ 018
　　1.3.1 GPT进化简史 018
　　1.3.2 神奇的涌现 022
　　1.3.3 飞轮效应 024

1.4 ChatGPT有哪些核心技术？ 027
　　1.4.1 微调 027
　　1.4.2 提示工程 029
　　1.4.3 思维链 031
　　1.4.4 强化学习 034

1.5 什么在支撑ChatGPT的计算？ 036
　　1.5.1 算力飙升 036
　　1.5.2 大模型需要什么芯片 039
　　1.5.3 GPU一统天下 043
　　1.5.4 内存墙和功耗墙 047

1.6 GPT-5整装待发 049

第 2 章

ChatGPT 为什么
这么火？

053 ~ 120

2.1 ChatGPT 的核心优势是什么？ 054
　　2.1.1 技术壁垒 054
　　2.1.2 模型为中心 056
　　2.1.3 能聊到想聊 059
　　2.1.4 繁荣生态 061
　　2.1.5 最复杂的软件系统 066

2.2 ChatGPT 有哪些底层改变？ 069
　　2.2.1 人机交互的革命 069
　　2.2.2 通用目的技术 072
　　2.2.3 科技平权的"制器之器" 075

2.3 ChatGPT 带来了哪些影响？ 077
　　2.3.1 重塑产业格局 078
　　2.3.2 端到端赋能 080
　　2.3.3 超级创作者 083
　　2.3.4 资本涌动下的创业潮 085

2.4 ChatGPT 动了谁的奶酪？ 088
　　2.4.1 科技巨头的竞争 088
　　2.4.2 国家队进场 091
　　2.4.3 淘汰很多人 093

2.5 除了 GPT，还有哪些模型？ 097
　　2.5.1 国内大模型 097
　　2.5.2 国际大模型 099

2.6 ChatGPT 解锁了哪些应用场景？ 102
　　2.6.1 一把手工程 102
　　2.6.2 落地案例 104
　　2.6.3 13 个热门应用场景 108

第 3 章

ChatGPT 是如何
炼成的?

121 ~ 162

3.1　OpenAI 是谁?　122

　　3.1.1　创业秘史　122
　　3.1.2　科技领袖　128
　　3.1.3　AI 梦之队　132
　　3.1.4　少年壮志不言愁　136
　　3.1.5　好的想法、伟大的团队、出色的
　　　　　产品、坚决地执行　139
　　3.1.6　比投资人还硬气　144

3.2　如何开发出 ChatGPT 这样的产品?　147

　　3.2.1　系统工程　147
　　3.2.2　伟大不能被计划　151
　　3.2.3　有钱人的游戏　154
　　3.2.4　跨越鸿沟　157

第 4 章

ChatGPT 有哪些
局限性?

163 ~ 190

4.1　ChatGPT 的能力边界在哪里?　164

　　4.1.1　和人类的差距　164
　　4.1.2　技术迷雾　166
　　4.1.3　商业短板　168

4.2　ChatGPT 有哪些科学问题?　170

　　4.2.1　数据安全　170
　　4.2.2　隐私在裸奔　172
　　4.2.3　一本正经地胡说八道　174
　　4.2.4　知识产权困境　176
　　4.2.5　EvilGPT　178

4.3	ChatGPT 有哪些伦理问题?	180
	4.3.1 知识堕化	180
	4.3.2 智力 "贫富分化"	182
	4.3.3 算法偏见	183
	4.3.4 教育被重新定义	185
	4.3.5 信息茧房	187
	4.3.6 意识形态	188

第**5**章

如何用 ChatGPT
来赚钱?

191 ~ 212

5.1	赚钱机会在哪里?	192
	5.1.1 模型时代	192
	5.1.2 事的机会	194
	5.1.3 人的机会	196
5.2	企业如何赚钱?	198
	5.2.1 商业画布	198
	5.2.2 商业闭环	200
	5.2.3 场景还是场景	203
5.3	普通人如何赚钱?	205
	5.3.1 普通人的机遇	205
	5.3.2 赚钱利器	207
	5.3.3 君子不器	210

第**6**章

如何玩转
ChatGPT?

213 ~ 248

6.1	如何正确地给 ChatGPT 提问?	214
	6.1.1 提示词的魔力	214
	6.1.2 两大原则	216
	6.1.3 持续迭代	218

6.1.4　实用功能　220

6.1.5　提问秘籍　221

6.2　ChatGPT 有哪些进阶玩法?　226

6.2.1　三种范式　226

6.2.2　垂直领域　228

6.3　有哪些好玩的 GPT 类产品?　233

6.3.1　有趣的例子　233

6.3.2　虚拟小镇　235

6.3.3　为自己训练一个机器人　237

6.4　如何选择一个合适的大模型?　239

6.4.1　挑选指南　240

6.4.2　开源还是闭源　241

6.4.3　中文大模型PK　244

第 7 章

GPT 之后
又是什么?

249 ~ 267

7.1　2030 的 GPT 是什么样子　250

7.1.1　GPT-2030　250

7.1.2　无处不在的 AI Agent　252

7.1.3　世界模型　253

7.2　AI 会杀死人类吗?　255

7.2.1　像对待核武器一样对待 AI　255

7.2.2　AI 杀死人类的六种方式　257

7.2.3　像电一样与 AI 和平共生　258

7.3　走向 AGI　260

7.3.1　奇点到来　261

7.3.2　殊途同归　263

7.3.3　人的价值　265

7.3.4　打一个响指　266

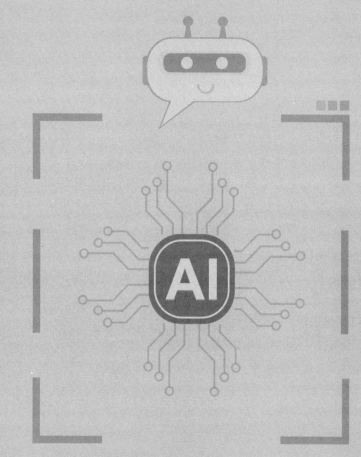

ChatGPT

第1章

引爆全球的
ChatGPT 是什么？

　　在人工智能领域，有两种东西令人惊讶：一是机器学习和人工智能技术的快速发展；二是人们对这些技术的了解程度之低。

——吴恩达（Andrew Ng），知名人工智能专家

　　在过去的十年里，人工智能（artifical intelligence，AI）经历了从传统机器学习到深度学习的飞跃。深度学习是一种模拟人脑神经网络的机器学习方法，它使计算机能够像人一样具有学习和理解复杂概念的能力。在此基础上，生成式人工智能领域迎来了巨大的进步，从无到有，从小到大，生成了无数令人惊艳的应用。

　　本章将带您领略深度学习、人工智能（生成式人工智能）、大语言模型、ChatGPT的发展历程及其技术核心。通过了解这些技术的产生和发展，您将看到人工智能领域如何从量变到质变，以及这些技术如何为人类社会带来前所未有的变革。

1.1
什么让ChatGPT出手不凡?

1.1.1 深度学习的狂飙

（1）两次低谷

1956年的达特茅斯会议，人工智能作为一个独立领域开始发展。在人工智能发展不到70年的时间轴里，至少经历过两次高潮和两次低谷。

1959年，计算机科学家Arthur Samuel在跳棋游戏中，设计了一个能够自我学习的程序，系统通过反复自我对弈，逐渐提高自己下棋的水平，开启了机器学习的先河；1966年，计算机科学家Joseph Weizenbaum推出了首个能够进行简单自然语言对话的程序ELIZA，人类首台聊天机器人诞生。这两项标志性的成果，将初出茅庐的人工智能推向了第一次高潮。

在这一阶段，人工智能研究主要基于人工编写规则来解决特定问题。当时美国国防高级研究计划署（Defense Advanced Research Projects Agency，DARPA）资助了美国麻省理工学院、斯坦福大学、卡内基梅隆大学等多所大学开展人工智能领域研究，这些项目投入了大量资金和人力，但是由于技术水平和计算机性能的限制，以及缺乏可用的大规模数据集，这些项目并没有取得预期成果。在当时人们严重低估了人工智能的难度，对其发展前景只能是望洋兴叹，人工智能在20世纪70年代迎来了第一次低谷。

20世纪80年代，在卡内基梅隆大学的帮助下，美国数字设备公司（Digital Equipment Corporation，DEC）开发了一套名为"XCON"的专家系统，用来优化电子元件生产流程。让人惊喜的是，DEC在使用XCON专家系统后，每年节省下来了超过四千万美元的生产成本，这一标志性事件让人工智能走向了第二次高潮。

在那个时期，专家系统作为一种新兴的人工智能技术，引发了广泛的研究和关注，当时包括通用电气（GE）、西屋电气（Westinghouse）、日立（Hitachi）、富士通（Fujitsu）等世界500强企业，都在开发和部署自己的专家系统。

专家系统本质上是一种基于人工智能技术的计算机程序，它通过模拟人类专家决策过程，得出解决结论或者解决方案。

专家系统的工作原理包括"知识获取—知识标识—推理机制"三个过程。专家系统先从领域专家、文献资料、实验数据等不同渠道获取相关的知识和经验，再被表示为计算机可以理解和处理的形式，最后基于用户提供的问题，采用逻辑推理的方法，从知识库中推断出最终的结论或解决方案。

但在实际应用中，专家系统面临大量的挑战：首先知识获取难度大，过程复杂且耗时；同时知识表示和推理机制不完善，导致专家系统出现无法处理不确定性、推理速度慢等问题；整个专家系统的研发和实现需要投入大量的人力、物力和财力，成本很高，对于一些中小企业和个人用户来说难以负担；专家系统的应用场景通常限定在医疗诊断、工业控制等特定领域，在需要处理更复杂问题的其他领域应用时，专家系统难以胜任。

再加上当时缺乏可靠的学习算法、计算和存储能力的限制，以及缺乏商业应用等因素，20世纪90年代初开始，人工智能逐渐进入第二个低谷，投资者、公司、科研人员对人工智能技术兴趣减弱、信心下降、研究也大幅减少。

（2）范式突破

人工智能的两次低谷不仅反映了计算和存储能力的限制，更揭示了早期人工智能算法的局限性。它们大多基于规则的推理引擎，而规则的维护和更新无法自动化，系统缺乏自我学习能力，这使得人工智能应用只能解决特定领域内的特定问题，无法实现更广泛的应用。

因此，人工智能的发展需要一种范式的突破。它需要一种能模拟人脑运行方式，能自动学习和理解数据的新方法。这个新的范式就是"深度学习"。

深度学习模仿了人脑神经元之间的连接方式，通过多层神经网络来处理和解释信息。它的工作原理可以简述为以下几个步骤。

· 数据预处理：这是深度学习模型的第一步，需要对数据进行清洗、归一化和标准化等操作，确保数据的准确性和一致性。

· 建立神经网络模型：深度学习的核心是神经网络模型，这种模型由输入层、隐藏层和输出层组成，其中隐藏层可以有多层。每个神经元都有一个权重和一个偏置，这些参数通过学习实现对数据的理解。

· 模型训练：在深度学习中，模型训练是一个迭代的过程。首先，将数据通过前向传播输入神经网络中，实现对数据的处理和转换。然后，计算模型输出和标准输出之间的误差，再通过反向传播算法来更新神经网络中的权重和偏置，以使误差最小化。

· 模型预测：一旦模型训练完成，就可以用来进行预测。将新的数据输入模型中，通过前向传播计算模型输出，从而实现对数据的预测。

深度学习最大的优势在于它能自动从数据中学习特征和规律，而无须人工干预，这使得它在很多实际应用中具有非常强的泛化能力，可以适应不同的任务，包括但不限于图像识别、自然语言处理等复杂任务，甚至是我们在后续会重点讨论的生成式人工智能也离不开深度学习。

深度学习的崛起，使人工智能从基于规则的旧范式转向了基于数据和机器学习的全新范式。它利用大量的数据和强大的计算能力，实现了对人脑工作方式的模拟和学习，从而引领了人工智能技术的新一轮飞速发展。

（3）持续狂飙

深度学习的起源可以追溯到1943年，心理学家沃伦·麦卡洛克（Warren McCulloch）和数学家沃尔特·皮茨（Walter Pitts）提出了"人工神经元"的概念。他们用数学模型描述神经元之间的信息传递和处理，这为后来深度学习的诞生奠定了基础。

1957年，计算机科学家弗兰克·罗森布拉特（Frank Rosenblatt）

提出了"感知机"的神经网络，这是最早的神经网络之一。感知机是一种二进制的分类器，通过训练，它能够学习并区分不同的模式。

20世纪90年代，这个领域出现了一次重大突破。加拿大多伦多大学教授杰弗里·辛顿（Geoffrey Hinton）提出了"反向传播算法"。这种算法让神经网络可以处理复杂非线性问题。它通过分析数据并理解每个权重的意思，然后沿着神经元的层次结构向下传递一种数学反馈。这个方法弥补了被誉为"人工智能之父"之一的Marvin Minsky所提出的"神经网络只是一种简单的连接模式"的缺点。

2006年，杰弗里·辛顿又提出了一种名为"深度信念网络"（deep belief network，DBN）的新型神经网络结构。利用深度信念网络可以有效地训练深度神经网络，从而实现更高级别的特征提取和分类，这标志着深度学习的又一次重要突破。

2007年，杰弗里·辛顿创造了"深度学习"这个术语，用来描述这种神经网络的方式。这个新的术语迅速流行开来，奠定了深度学习在人工智能中的地位。

随着时间的推移，深度学习逐渐进入了黄金时期。这得益于计算机硬件性能的提高和大规模数据集的出现，深度学习的应用范围越来越广。

特别是2012年，辛顿与他的学生亚历克斯·克里切夫斯基（Alex Krizhevsky）和伊利亚·苏茨克沃（Ilya Sutskever），提出了名为"AlexNet"的深度卷积神经网络CNN。他们在ImageNet图像识别比赛中获得了冠军，引起了全球的关注。这个事件标志着深度学习进入了"狂飙"时期。

杰弗里·辛顿、伊利亚·苏茨克沃和亚历克斯·克里切夫斯基是深度学习领域的先驱，他们合作默契，各展所长。辛顿负责理论和算法的研究，苏茨克沃和克里切夫斯基则通常负责代码的实现。为了训练AlexNet，他们的实验室里放了很多显卡，以至于整个楼层的电力都不足以支持他们的训练。他们不得不利用楼层内的多个电源插座来供电，这一幕被人们戏称为"深度学习的启蒙时期"。

此后，深度学习在各个领域都得到了广泛应用。在计算机视觉领域，利用深度学习可以实现人脸识别、目标检测、图像分割等任务；

在自然语言处理领域，利用深度学习可以实现机器翻译、语音识别、情感分析等任务；此外，深度学习还可以在游戏、音乐、艺术等领域中发挥作用。

从1943年到今天，深度学习的成长历程犹如一部科技史诗。它经历了从无到有，从简单到复杂的发展过程，深度学习为人工智能领域带来了前所未有的机遇，它不断地推动着人工智能技术的发展和应用。

1.1.2 从无人问津到火爆出圈

生成式人工智能（artifical intelligence generated content，AIGC）是一种深度学习技术，它通过对现有数据（包括但不局限于图像、音频、视频、语音等）进行学习和推理，从给定数据中学习到数据的规律，然后利用这个规律生成新的数据。

（1）无人问津

2010年以前，AIGC一直处于"默默无闻"的状态，这主要与生成模型的发展有关。

20世纪80年代，生成模型主要采用的是基于规则的方法，它通过手工编写规则来生成新的数据，如通过编写一些语法规则来生成新的句子。这种方法虽然简单易行，但是需要大量的人工劳动和专业知识，而且规则往往是固定的，很难适应复杂的数据分布。

20世纪90年代，生成模型开始基于统计语言模型的方法，主要利用统计学方法来学习概率分布。这种方法可以通过学习大量数据的概率分布来生成新的数据，但是需要大量的数据和计算资源，并且对于复杂的数据分布效果不尽如人意，生成的结果也缺乏创造性。

很长一段时间，AIGC都不是主流的人工智能技术应用领域，直到深度学习的出现。

（2）GAN

转折点出现在2014年，加拿大计算机科学家伊恩·古德费洛（Ian Goodfellow）在读博士期间提出了"生成对抗网络"（generative adversarial networks，GAN），这一重要的生成模型成为深度学习领域中的经典之作。

GAN模型在本质上由两个神经网络组成：一个生成器网络和一个判别器网络。

生成器网络通过随机噪声生成假数据，并将其传递给判别器网络，判别器网络则负责对真实数据和生成数据进行区分。生成器网络和判别器网络之间相互对抗和博弈，最终生成器网络生成与真实数据相似的数据。

GAN的创新之处在于在深度学习的基础上，引入了一种对抗性的训练方法，让两种神经网络相互博弈，进而大幅提高生成数据的质量。

GAN的出现像一场突如其来的风暴，将AIGC的发展推向了新的高度。而在此之后，AIGC的应用场景也逐步扩大，从最初的图像生成，到现在的自然语言处理、音频处理等各个方面。

2015年，Google发布了一种使用循环神经网络（recurrent neural network，RNN）和长短期记忆（long short term memory，LSTM）的序列生成模型——神经机器翻译模型。这一模型的推出，使得多种语言之间的文本翻译成为可能，为自然语言处理领域带来了重大的突破。

而到了2019年，OpenAI发布了一种名为GPT-2的生成式AI模型。这种模型可以生成高质量的自然语言文本，包括文章、新闻报道和诗歌。GPT-2的发布在全球范围内引起了轰动，许多人对AIGC的应用前景表示了乐观的态度。

（3）火爆出圈

2022年，AIGC终于实现了其华丽转身，火爆出圈。游戏设计师杰森·艾伦使用Midjourney（一个根据文本生成图像的AIGC产品）创作了一幅名为《太空歌剧院》的画作，并获得了美国科罗拉多州博览会艺术类比赛一等奖。这一事件如同一颗炸弹在AI领域炸开，引发了公众对AIGC的广泛关注和讨论。

从2022年下半年开始，AI绘画工具Stable Diffusion、AI聊天机器人ChatGPT陆续在全球范围内引发关注，其迭代速度更是指数级发展。这让普通用户直观感受到了AI技术的强大和AI技术发展的一日千里，也让AIGC逐渐接棒"元宇宙"成为全球关注的焦点和热议话题。

总结AIGC火爆出圈的原因，可以归结为以下几点。

首先，深度学习技术的发展为AIGC提供了强大的支持。深度学习技术能够有效地处理大规模数据，并从中学习到复杂的模式和特征，这一点对于AIGC的发展至关重要。

其次，计算机硬件的不断升级也为AIGC提供了强大的后盾。GPU（graphics processing unit，图形处理器）的广泛应用使得AIGC在训练模型和生成数据的过程中可以更快地处理大量数据。

再次，大量的数据集和开源工具为AIGC的应用提供了便利的条件。例如，ImageNet数据集为图像处理领域的研究提供了数百万张图片的重要数据支持。同时，TensorFlow、PyTorch等开源框架的出现和普及使得AIGC的开发和应用变得更加便捷。

最后，学术界和工业界的不断投入和贡献也是AIGC发展的重要原因。研究人员不断推出新的模型、算法和技术，而工业界也在越来越多的应用场景中使用生成式AI，这些都促进了生成式AI的不断发展和进步。

（4）广泛应用

AIGC在多个领域展现出强大的实力和广泛的应用。在自然语言处理领域，AIGC能从给定的语料库中深入学习语言的概率分布，并利用这一概率分布生成新的句子、段落和对话。这种方法被广泛应用于机器翻译、对话生成、自动摘要等领域。它让机器在理解和生成人类语言上达到了更高的水平，为跨语言沟通打开了新的大门。

在计算机视觉领域，AIGC同样大放异彩。它可以用于图像生成、图像修复、图像超分辨率等任务，甚至还可以通过学习图像的概率分布来生成新的图像。这种技术在图像增强、图像修复、图像风格转换等领域有着广泛的应用，为视觉内容的创作和再创造提供了无限可能。

音乐创作是一个充满创造性的领域，AIGC同样可以在这里发挥其优势。通过从给定的音乐中学习音乐的概率分布，AIGC可以生成新的音乐，甚至可以将一种音乐风格转换为另一种音乐风格。这种技术在音乐创作、音乐风格转换等领域有着广泛的应用，为音乐家们提供了新的创作工具和方法。

随着深度学习技术的不断发展，生成式AI技术也得到了快速的发展。深度学习和生成式AI的结合，使得计算机能够像人类一样进行创造性的思考和创作。这一技术的发展，不仅为计算机科学领域带来了突破性的创新，也极大地丰富了人们的文化、艺术和娱乐产品。通过这种技术，我们能够创造出更加多样化、个性化的内容，为人们的生活带来更多的色彩和乐趣。

1.1.3　出道即巅峰

在众多AIGC应用中，对话式生成无疑是最引人瞩目的领域之一，而其中的代表便是ChatGPT。为什么对话式生成会受到如此大的关注呢？这源于其背后的技术原理和实际应用价值。

（1）对话式生成

自然语言交互是人类最基本的、最自然的交互方式。然而，尽管在过去的几十年里AI技术在自然语言处理方面取得了长足进步，但自然语言具有相当高的复杂性和多样性，它常常受到语境、语气、情感等因素的影响，使得自然语言交互在上下文理解、多语言交互、流畅性等方面尚未取得重大突破。

相比之下，对话式生成通过模拟人类对话来实现自然语言交互，更符合人类的交互方式，且更加智能化、自然化。借助深度学习技术，对话式生成系统可以理解人类的自然语言输入，理解对话的上下文，并生成自然的、流畅的回复。这种技术可以广泛应用于多个领域，如智能客服、自动问答、聊天机器人等，既有助于提升用户体验，降低成本，也能提供更好的数据分析和扩展业务范围。

通过深度学习技术，对话式生成模型可以自动地学习对话的语言和语法规则，并生成具有连贯性和逻辑性的对话文本。对话式生成模型自身不断学习和改进，其性能和精度变得"越来越像人"，其间蕴含的"创造性"和"想象力"，会让AIGC发展具有很大的想象力。

（2）ChatGPT 🤖 >

在众多对话式生成系统中，ChatGPT独树一帜。它是一种基于GPT系列模型的对话式生成系统，通过预训练和微调的方式，可以理解对话的上下文并生成符合语境的且非常流畅自然的回复。

ChatGPT相比之前的对话式生成系统，具有以下优点。

·预训练和微调的方式：通过在大规模数据上进行预训练，使得模型可以有效地学习语言的语法、语义和上下文信息。在实际应用中，ChatGPT可以通过微调来适应如自动问答、聊天机器人、语言翻译等特定应用场景和任务，从而提高对话生成的效果。

·Transformer架构：ChatGPT采用了一种基于Transformer的架构，这使得它在处理长文本时表现出色。由于Transformer架构的模型可以捕捉到长期依赖性，因此ChatGPT可以在生成长文本时表现出色。这种模型还可以通过添加特定的标记来控制生成的文本的风格和主题。

·上下文信息处理：ChatGPT在生成语言表达的同时，能够考虑上下文信息，从而生成更加准确的和连贯的文本。这意味着它可以通过对话或文章中的先前内容进行理解和记忆，使得回复更加准确、自然、人性化。

ChatGPT的出现推动了对话式生成技术的发展，也为AIGC的发展注入了新的活力。ChatGPT的成功证明了AIGC在人机交互领域存在的巨大潜力。可以说，ChatGPT的出现标志着对话式生成技术进入了一个全新的发展阶段，也预示着AIGC在人机交互领域的未来有着广阔的发展前景。

（3）元年 🤖 >

自2022年11月30日上线以来，ChatGPT成为历史上用户数量增长最快的软件应用。在短短的两个月内，其月活跃用户数量便达到了1亿。ChatGPT所展示出的功能强大到令人惊叹，包括语言翻译、内容创建、客户服务等，甚至能在用户指令下完成邮件撰写、文案策划、多语种翻译、创建和修改代码等任务。可以说ChatGPT"出道即巅峰"，几乎各个领域都在热切关注它的应用能力。

在学术界，ChatGPT也已经取得了不俗的成果。2022年12月21日，ChatGPT以共同作者的身份与英矽智能创始人兼CEO Alex Zhavoronkov博士共同撰写的探讨雷帕霉素抗衰老应用的论文，发表在Oncoscience肿瘤科学期刊上。

相比学术界，高校受到ChatGPT的影响更大。据报道，美国宾夕法尼亚大学沃顿商学院的一位教授使用ChatGPT通过了MBA考试。这篇名为《ChatGPT-3能否获得MBA学位》的论文中提到，GPT-3在考试中的得分介于B−和B之间。此外，《福布斯》杂志发表的一篇文章称，"89%的学生承认使用ChatGPT做家庭作业"。学生们之所以对此趋之若鹜，正是因为ChatGPT的功能非常强大。

不仅如此，随着ChatGPT的不断成长，它还成功通过了美国医疗执照考试的测验，其所取得的成绩得到了专业人士的认可。

比尔·盖茨在2023年2月给网友的回帖中表示，"Web3没那么重要，元宇宙没有革命性，人工智能最重要。"这也表明了科技巨头们对当前技术的态度及对人工智能技术的肯定。在全球经济形势尚不明朗的2023年，是时候让这样一个更成熟的AI技术来接棒更为动人的科技故事。我们将在后续章节详细讨论ChatGPT如此受欢迎的底层逻辑。

1.2
什么是大语言模型？

1.2.1 自然语言处理的五级跳

自然语言处理（natural language processing，NLP）是AI领域的一个重要分支，被称为"AI皇冠上的明珠"。NLP的目标不仅仅是让计算机更好地理解、生成和处理人类语言，更重要的是实现计算机与人类的自然交互，最终能让AI更加贴近人类的需求和行为模式。NLP的发展对AI，特别是对AIGC，具有深远的影响。

（1）发展历程

NLP的发展历程可大致分为以下三个阶段。

20世纪60年代至80年代初，NLP主要采用基于规则的方法。此方法中，人们通过手动编写规则来处理和解析自然语言。这些规则主要针对语言的语法和语义进行分析和翻译，如机器翻译系统。然而，这种方法极度依赖人工操作，对语言复杂性和多义性的处理能力较弱。

进入20世纪90年代，随着统计学习方法的兴起，NLP开始采用基于统计学习的方法。这种方法基于大量语料库的统计分析，通过机器自主学习语言特征，并生成语言模型。这种方法相较于前者，对数据质量的要求较高，但仍需要手动处理和提取原始数据中的特征。

进入21世纪后，随着计算机性能的提升和大数据时代的到来，NLP进入了深度学习阶段。深度神经网络模型，如循环神经网络、基于长短期记忆网络、Transformer模型等，成为了NLP的新宠。它们能够从大量语料库中自动学习语言的特征和规律，进而生成更加强大和智能的NLP模型。深度学习技术的引入，极大地推动了NLP领域的发展，使得NLP的应用更加广泛和深入。

从规则驱动阶段到深度学习阶段，每一阶段的技术都为NLP带来了新的突破。这些突破使得NLP的应用范围更加广泛，如自动翻译、智能问答、情感分析等。同时，这些技术也使得NLP更加贴近人类的需求和行为模式，进一步推动了AI领域的发展。

（2）基本原理

NLP的核心是将自然语言转换为计算机可以理解和处理的形式。一般来说，这个过程需要经历以下五个步骤。

第一步是文本预处理，对文本进行清洗和规范化，包括去除噪声、分词、词性标注等，这些操作可以将原始文本转换为机器可以处理的结构化数据。

第二步是特征提取，从处理后的文本中提取有用的特征，用于下一步的模型训练或者分类。

第三步是模型训练，用AI算法对处理后的文本进行训练，得到一个能够对新文本进行分类或生成的模型。

第四步是模型优化和评估，包括调整模型参数、调整超参数，并使用测试数据对模型进行评估，检查模型的准确率、召回率、F1值等指标。

第五步是应用部署，将训练好的模型应用到实际场景中。

（3）从预训练到大模型

深度神经网络等复杂模型的训练一般需要大量的数据和计算资源，否则容易出现过拟合等问题。同时，在某些领域，标注数据获取成本较高，数据量比较有限，也导致了深度学习难以有效地利用这些数据进行模型训练。为了解决数据稀缺性和模型复杂度问题，从2018年起，在传统深度学习的基础上，发展出了预训练技术。

预训练（pre-training）是指在大规模未标注数据上进行的模型训练，然后使用预训练模型，在有限标注数据上进行微调。预训练的核心就是加入了自监督学习（self-supervised learning），其核心思想是利用数据本身的内在结构和特征，如对数据进行一定的变换或者遮盖等操作，来生成与任务相关的监督信号，从而进行模型训练。相对于传统的有监督学习和无监督学习，自监督学习可以更好地利用无标注数据，同时不需要手动标注数据，具有更广泛的应用前景。

预训练技术将可利用数据从标注数据扩展到了非标注数据，因此得到的模型参数往往具有更强的泛化能力和表达能力，可以更好地适应新的任务和领域。此外，预训练技术还可以减少模型的训练时间和资源消耗，从而使训练更大的、更复杂的模型成为可能（所谓的大模型）。

预训练技术的出现，让NLP的模型性能得到了显著的提升。

2018年，谷歌和OpenAI分别提出了BERT（bidirectional encoder representations from transformers）和GPT（generative pretrained transformer）模型。这两个模型都具有数十亿或数百亿的参数，它们在NLP、计算

机视觉等领域中取得了显著的成果，也开启了NLP领域的大语言模型时代。

从规则驱动到统计学方法，再到深度学习，NLP的发展经历了三次飞跃，每一次飞跃都是大进展和大突破。在深度学习基础上，预训练的出现使NLP再次实现了从预训练到大模型的第四和第五次飞跃。

可以预见，NLP模型的规模还将继续增大，模型的多样性也会不断增加，诸如图片、视频、音频等多模态NLP方法会更加成熟。

1.2.2　破解三大难题

在NLP领域，大语言模型（large language model，LLM）已成为备受瞩目的技术。一般来说，拥有上亿个参数的模型被认为是大模型，但参数越多并不代表模型表现越好，相应的计算资源和训练时间也会增加。

（1）四大特点

LLM与传统NLP方法相比，具有以下四个特点。

① 大规模性。LLM最显著的特点是参数数量众多，这使得LLM能够学习到更多的语言规律和模式，提高性能。

② 端到端学习。LLM是一种端到端学习的模型，它可以直接从原始的语言数据中学习，避免了对先验知识的依赖，这种学习方式使得LLM能够更加灵活地适应不同的任务和数据。

③ 涌现能力。LLM可以从训练数据中学习到一些未知的语言规律和模式，并生成人类难以想象的语言表达。当参数规模超过一定水平时，LLM不仅能够显著提高性能，还能展现一些小语言模型所没有的特殊能力，这种涌现能力使得LLM具有了创造性和想象力。

④ 迁移学习。在一个任务上训练好的模型可以被迁移到另一个任务上，并取得不错的性能，这种迁移学习的能力使得LLM可以更加高效地学习和解决各种NLP任务。

（2）核心技术

LLM的核心技术包括语言建模、预训练、微调、生成式任务。在语言建模方面，LLM采用深度神经网络来建模，最常用的是Transformer网络；在预训练方面，LLM会使用大规模语料库来训练模型，常见的是采用自监督预训练方式的BERT和GPT系列模型；在预训练模型的基础上，会使用特定领域的数据对模型进行进一步的训练，即微调（fine-tuning），微调可以提高模型在特定领域的性能，常用的微调方式包括直接微调、多任务学习、迁移学习、动态掩码等；最后是生成式任务，即根据输入，生成流畅的、自然的文本，最终满足不同的场景和需求。

（3）三大难题

在NLP领域，由于语言的复杂性和多样性，一直存在着三大难题：语义理解、情感分析、多语言处理。传统的方法通常基于规则和模板，不够灵活和准确，因此NLP的发展一直面临着这些挑战。

近年来，随着LLM的出现，这些问题开始得到解决。

首先，在语义理解方面，LLM可以通过上下文学习机制，更好地理解语言中的含义和关系。这种方法可以应用于问答、文本分类等任务中，提高NLP的准确率和泛化能力。例如，GPT-3模型可以根据输入的上下文生成高质量的文章、对话和代码，这种能力对于解决语义理解问题非常有用。

其次，在情感分析方面，LLM也可以通过条件生成、逆向翻译等技术，实现情感分析的自动化。这种方法可以应用于文本分类、情感分析等任务中，提高NLP的准确率和效率。例如，GPT-2模型可以自动生成新闻、诗歌、对话和小说等文档。

最后，在多语言处理方面，LLM也可以通过跨语言预训练和多语言微调，实现多语言处理和跨语言迁移。这种方法可以应用于机器翻译、文本分类等任务中，提高NLP的效率和泛化能力。例如，M2M-100模型可以实现超过100种语言之间的翻译，而且可以在不同语言之间进行无缝迁移和转换。

作为一种新型的NLP技术，LLM具有强大的能力和广泛的应用前景，为解决NLP中的难题提供新的思路和方法。

1.2.3　Transformer横空出世

谷歌研究员Vaswani等人在2017年发表的论文*Attention Is All You Need*中提出了一种新的神经网络架构Transformer。当时在处理NLP任务时，一般都采用RNN来处理序列信息，RNN的计算效率较低且梯度消失和梯度爆炸问题一直难以解决，研究人员也考虑过CNN（卷积神经网络），但CNN难以捕捉到序列中的长距离依赖关系。因此，他们另辟蹊径，决定完全摒弃CNN和RNN，开发一种全新的并行化的网络架构，这就是Transformer的由来。*Attention Is All You Need*的发表可以看作是NLP领域里程碑式的突破，而Transformer也成为LLM的基础网络结构。

（1）自注意力

Transformer模型的核心是自注意力机制（self-attention）。

传统NLP方式是先计算输入序列中每个位置与其他位置的相关性，然后将这些相关性用于加权计算输出。一方面需要按照时间顺序依次处理序列中的每个元素，另外一方面在处理长序列时，需要不断地传递隐状态，导致出现训练困难、梯度消失、梯度爆炸等问题。

自注意力机制是一种计算输入序列中每个位置与其他位置的相关性的方法，其中输入序列中的每个位置都是用来计算相对于其他位置的权重，能够在不需要传递隐状态的情况下，直接对输入序列进行建模和特征提取。

Transformer通过多头注意力（multi-head attention）来捕捉输入序列中的信息，可以同时处理所有输入位置，从而学习到输入序列中多个不同的相关性，具有非常好的并行性和可扩展性。

除了自注意力机制，Transformer还包括编码器和解码器（encoder-decoder）两个重要结构（GPT只有解码器结构）。

其中，编码器和解码器都由多层自注意力和前向传播层组成，编码器将输入序列转换为一组向量表示，解码器根据这些向量逐步生成输出序列。编码器和解码器之间还通过残差连接和层归一化进行信息传递和特征提取，进一步提高了模型的稳定性和效率。

（2）重大意义

Transformer的最大创新点在于直接摒弃了CNN和RNN等架构，完全利用自注意力机制，使得网络拥有了语义特征提取、长距离特征捕获、任务综合特征抽取及并行计算的能力。

Transformer自注意力机制通过多头注意力的方式，可以高效地处理输入序列中的信息，从而在NLP任务中取代了传统的RNN和CNN，这使得Transformer模型具有更好的并行化能力，因此训练速度更快，同时还能够更好地处理长序列数据。

Transformer模型的成功也证明了自注意力机制在深度学习领域中的重要性，并促进了自注意力机制的应用和发展，而自注意力机制的广泛应用，进一步加速了深度学习模型的发展。

（3）从Transformer到GPT

Transformer的自注意力机制、编码器和解码器的结构，实际上是通过一代一代研究发展起来的。

2014年，Google提出了Seq2Seq模型，这个模型中带有了编码器和解码器，编码器将源语言的句子转换为一个定长的向量表示，然后解码器使用这个向量表示生成目标语言的句子，这个模型在机器翻译和问答系统等任务上取得了不错的成绩。然而在实际应用中，由于源语言和目标语言之间存在差异，Seq2Seq模型的编码器和解码器采用的都是RNN，使得编码器生成的向量表示无法完整地捕捉源语言的所有信息，最终导致翻译质量不高。

2015年，Bahdanau提出了一种注意力机制（attention mechanism），通过对编码器输出的不同部分赋予不同的权重，使解码器能够更好地聚焦于源语言中与当前正在翻译的目标语言部分相关的信息。这一举措提高了翻译质量。

2016年，在机器视觉领域，Kaiming He等人提出了"残差网络"（ResNet），首次引入了自注意力机制。这一创新为之后的Transformer模型的出现奠定了基础。

2017年，Vaswani整合了自注意力机制及编码器和解码器的结构，提出了Transformer。这一模型的出现可以说改变了NLP的格局。2018年，Google团队提出了BERT模型，这种模型在2018年至2020年期间被广为研究和使用。从2018年开始，OpenAI团队陆续发布了GPT-1、GPT-2和GPT-3等版本的语言模型，这些模型都是基于Transformer架构的预训练语言模型。它们为ChatGPT的出现奠定了坚实的基础。

今天，以GPT系列为代表的LLM如同一座座城堡耸立在NLP领域的高地上，它们的存在使得我们可以用更少的资源来完成更多的任务。而这一切的背后都离不开Transformer这个强大的网络架构。

1.3
ChatGPT如何大力出奇迹？

1.3.1　GPT进化简史

自从2018年OpenAI推出第一个GPT模型以来，这个家族便在不断迭代和改进，逐步实现了从GPT-1、GPT-2、GPT-3到ChatGPT的飞跃性进展。如今，ChatGPT已成为最先进的、最出色的LLM之一。

（1）小试牛刀

2018年6月，OpenAI发表了GPT-1，以预训练生成式变换器为名的GPT家族首次登上了历史舞台。

在GPT-1之前，绝大多数NLP任务都使用监督学习，需要大量带有标注的训练数据，也无法将现有模型泛化到训练数据集以外的任务。GPT-1通过引入无监督训练，解决了需要大量高质量标注数据的问题，降低了数据成本，同时通过大量不同类型的混杂语料进行预训练，也解决了训练任务的泛化问题。

GPT-1使用了一个12层的Transformer架构，包含了1.17亿个参数，先在数据大小为5GB的BooksCorpus数据集上预训练一个语言模型，然后对预训练好的语言模型进行微调，将其迁移到各种有监督的

NLP任务中。GPT-1也是最早一批在NLP任务上采用"预训练+微调"方法的模型。

GPT-1在多个NLP任务上取得了很好效果，可以生成自然流畅的文本，包括文章、新闻、故事等。

然而，GPT-1使用的模型规模和数据量都比较小，GPT-1也没有谷歌的BERT知名，这些促使OpenAI在2019年发布了第二个GPT模型——GPT-2。

GPT-2使用了一个更大的Transformer架构（48层），包含了15亿个参数，同时采用了数据大小为40GB的WebText数据集来进行预训练。WebText包含超过800万份来自Reddit上高赞的文章。

GPT-2的一个关键能力是零样本学习（zero-shot learning），零样本学习是迁移学习的一种特殊情况，即在没有提供示例的情况下，只有任务的描述和指令，模型根据给定的指令去理解特定任务。

这里解释一下样本的概念。零样本（zero-shot）指的是没有任何可用的参考样例，直接将通用任务提供给模型；一个样本（one-shot）指的是只有一个样例可参考，将样例提供给模型，模型根据对样例的理解生成文本、完成任务；少量样本（few-shot）指的是有一些样例可用，将样例提供给模型，模型根据对这些样例的理解生成文本。

GPT-2模型可以生成更加复杂的、多样化的文本，包括对话、文章、新闻等。GPT-2在诞生之初也引发了不少轰动，它生成的新闻足以欺骗大多数人类，达到以假乱真的效果，甚至当时被称为"AI界最危险的武器"，很多门户网站禁止加载使用GPT-2生成的新闻。

（2）大力出奇迹

2020年，OpenAI发布了第三个GPT模型——GPT-3。GPT-3使用了一个更加庞大的Transformer架构（96层），包含了1750亿个参数，参数量是GPT-2的100多倍，同时采用了45TB大小的数据集（包括低质量的Common Crawl、高质量的WebText2、Books1、Books2和Wikipedia）进行预训练。

GPT-3的特点是在训练中使用了情境学习（也称为上下文学习，

in-context learning），并采用小样本学习（few-shot learning）的方法做下游测试。GPT-3除了能完成常见的NLP任务外，研究者意外地发现GPT-3在写SQL和JavaScript等语言的代码，进行简单的数学运算上也有不错的表现效果。

GPT-3模型可以生成非常自然的、流畅的文本，并具有强大的通用性，很快基于GPT-3就衍生了非常多的应用生态。随着GPT-3数据集和模型规模的扩大，产生了大力出奇迹的效果，在各种应用上都带来了很多大家意想不到的好效果。

总的来说，从GPT-1到GPT-3，每一次升级都带来了一些重要的改进。GPT-1是NLP任务上采用"预训练+微调"方法的小试牛刀；GPT-2继续扩大参数规模，采用零样本学习实现任务迁移；GPT-3则选择继续扩大参数规模，继续使用更多优质的数据，达到了大力出奇迹的效果。

（3）人的反馈 🤖

GPT-3虽然在各大NLP任务及文本生成能力上让人惊艳，但是它仍然会生成一些带有偏见的、不真实的、会造成负面社会影响的信息，而且很多时候它并不按照人类喜欢的表达方式去表达，主要是因为这类模型的目标函数是基于词汇序列的概率分布来输入的。

在实际应用中，人类的认知一般会结合常识、道德和场景来选择最适合特定情境的文本序列，而不仅仅是选择最高概率的文本序列，这就需要将AI的表述与人类的内在价值观对齐。

为了解决这一问题，OpenAI提出了对齐（alignment）的概念，让模型的输出与人类真实意图对齐，符合人类偏好，因此出现了InstructGPT。

InstructGPT的本质是基于人类反馈的指令微调，即通过引入人的反馈让LLM变得更有价值。技术上主要采用了有监督微调（supervised fine-tuning，SFT）和基于人类反馈的强化学习（reinforcement learning from human feedback，RLHF）两种技术方法，人工标注数据然后去微调GPT-3，让大模型去学习人类偏好。

OpenAI在2022年1月发布了InstructGPT。

（4）ChatGPT问世

ChatGPT可以看作是InstructGPT的"兄弟"模型，是在InstructGPT基础上的微调版本，而InstructGPT又是GPT-3的微调版本，所以业界也把ChatGPT对话模型看作是GPT-3.5。

从应用角度看，ChatGPT可以作为基于GPT模型的聊天机器人，在模型结构上与GPT-3类似，但它使用了更多的数据进行训练，同时对模型参数进行了微调。

ChatGPT的模型演化可以归纳为以下几个方面。

第一，数据集。GPT-3模型主要使用的是维基百科等大规模通用语料库，而ChatGPT更关注于对话数据集，如Twitter、Reddit等社交媒体平台上的对话数据集。这样可以使ChatGPT更加关注对话的语境和情感，从而生成更加自然的对话。

第二，微调方式。GPT-3模型通常会在预训练之后，在特定的任务上进行微调，以进一步提高模型的性能。而ChatGPT则需要在对话生成任务上进行微调，以使生成的对话更加流畅和自然。同时，由于对话生成是一种条件生成任务，ChatGPT还需要在微调时引入上下文信息，以确保生成的对话与之前的对话相一致。

第三，对话策略，GPT-3模型通常是通过生成一系列的单词或短语来生成文本，而ChatGPT则需要考虑更多的对话策略，如回应、提问、引导等，以生成更加人性化的、自然流畅的对话。

第四，情感分析。ChatGPT会在微调时引入情感分析的任务，以确保生成的对话具有一定的情感色彩，如幽默、悲伤、愤怒等，从而使对话更加生动和自然。

ChatGPT主要是针对对话生成任务的特殊需求进行的改进和优化，通过引入更加精细的数据集、微调方式、对话策略和情感分析等技术，ChatGPT模型可以生成更加自然、流畅、生动的对话。

从Transformer到ChatGPT的发展历程是一个不断迭代和改进的过程，Transformer模型的提出使得神经网络模型可以处理不同长度和不同结构的输入数据。BERT和GPT则在此基础上进一步发展，提出了不同的预训练任务和模型结构，使得模型可以学习到更丰富的语义信息和上下文关系。而ChatGPT则是在GPT模型的基础上，针对对话生成任务进行了特定的训练和优化，实现了人机自然对话的能力。

这些模型的成功得益于它们所采用的注意力机制、预训练任务和模型结构等技术原理的不断优化和创新，为NLP领域的发展带来了重要的推动作用。

1.3.2　神奇的涌现

在GPT的进化过程中，语言模型的表现并非随着规模增加而线性增长，而是存在临界点，当模型大到超过特定的临界值，大模型出现了小模型不具备的能力，这种能力被称为"涌现能力"（emergent abilities）。涌现能力意味着大模型还存在着被进一步扩展的潜力，因为涌现的特性，也进一步催生了LLM的蓬勃发展。

（1）量变到质变

从学术上看，一个复杂系统，因为内部基本元素间相互作用，当达到一定的临界条件后，产生了最开始未能预测到的、全新的和更高层次的特征、能力或者模式，这种新特征、新能力或新模式通常不是通过目的明确的训练获得的，而是在大量数据中自然而然地学习到的。涌现本质上是一个厚积薄发、从量变到质变的过程。

涌现现象是一种"群体智慧"的体现，它是社会系统和自然系统中十分普遍的现象，如常说的"英语找到母语感知"、"写作犹如上帝执手"和"绘画开启神来之笔"。一旦突破了某个瓶颈，后面每一步都会变得更加容易，仿佛一夜之间就变得和从前不一样了，似乎获得了不可思议的力量。

神经网络中简单神经元大量重复，就可以实现如今AI各种各样的复杂的应用，这也是一个典型的涌现现象，这样的现象进一步映射到大模型上。

在深度学习发展的早期，模型性能的提高主要依赖于网络结构的变革，研究人员认为，模型尺寸呈指数增长，性能也只会线性增加。也就是即使大幅增加网络规模，其性能还是不如精心调教的小模型，而增加网络规模，意味着成本的增加。这种定律被称为"缩放定律

（scaling laws）"。

直到2020年左右，研究人员才发现，当模型达到一定的临界规模后，表现出了一些开发者最开始未能预测的、更复杂的能力和特性，即发现了大模型的涌现能力。

涌现能力进一步催生了研发人员增加模型的参数规模，所以才有了GPT模型的不断进化。

（2）神秘面纱

虽然人类早就在神经网络和现实生活中理解到了涌现现象，但随着超大规模模型特别是ChatGPT的问世，还是让所有人大吃一惊。因为大模型涌现显现出了一种颠覆所有规则的理解难度，也远远超过了从局部到整体能力转化的这个意义，而是表现为各方面综合能力的爆发式增长。

究竟为什么会出现涌现能力？

涌现现象的出现是由于系统中存在的大量个体相互作用所导致的，这些相互作用可以是物理、化学、生物、社会、文化等多种因素的综合体现。涌现现象的出现通常需要具备一些条件，如系统必须处于某个状态下，存在一些基本规则和约束条件，个体之间相互作用的方式必须满足某些要求等。

也有研究人员认为，涌现能力可能还是基于深度学习模型的分层结构和权重学习机制来实现的，每一层神经元的输出都作为下一层神经元的输入，模型的每个权重通过强化学习算法进行学习和更新。这种分层的结构和权重学习机制使得深度学习模型能够自动地学习到从原始数据中提取隐含的特征和模式，从而实现涌现能力。

尽管我们还不完全理解大模型的内部机理，但是它们的涌现能力是显而易见的。现在已经可以很明确地看到，一旦模型大小超过某一个阈值，模型就会展现出前所未有的能力。但同时，这个阈值却是无法预测的，这个特性给大模型蒙上了神秘面纱。

（3）启示

涌现能力是LLM的重要特性，也是大模型进一步扩大和发展的理论基础。

大模型的涌现能力给了我们无限遐想空间，让我们可以更加深入地思考机器智能和人工智能的发展方向。或许，在未来的某个时刻，大模型会突然跨越一个关键阶段，实现真正的通用人工智能，这将会是人类历史上一个重要的里程碑。

1.3.3　飞轮效应

算力、算法、数据是AI的三驾马车，在ChatGPT的训练过程中，数据集起着至关重要的作用。数据集的质量和规模，直接影响了ChatGPT模型的表现，数据集是ChatGPT成功的关键要素和资源。

（1）数据特点

ChatGPT数据集由人工或自动采集的大量对话文本构成，这些数据集具有以下特点。

第一，大规模性。ChatGPT数据集通常包含数百万到数十亿个对话，这种大规模的数据集可以提供足够的语言信息和模式，使得ChatGPT模型可以更好地学习到人类对话的表达方式。

第二，多样性。ChatGPT数据集覆盖了多种主题和语言风格，包括口语、俚语、多样化的语言表达等；包含了不同领域和不同场景下的各种类型对话，如社交媒体聊天、电子邮件、论坛、新闻评论等；涉及了娱乐、科技、新闻、政治等不同领域；此外，ChatGPT还包含了多种语言的对话，如英语、汉语、法语等。以上这些多样性让ChatGPT能够生成适合不同场景的、跨语言的对话。

第三，高质量。ChatGPT数据集经过了精心筛选、清洗和预处理，去除了不良的和无意义的信息，从而让ChatGPT可以生成更加准确和可信的对话。

第四，实时性。ChatGPT数据集可以反映当前最新的语言使用趋势和变化，这种实时性可以让ChatGPT更好地适应当前的语言环境，生成更加贴近当前社交场景的对话。

以上这些特点，为ChatGPT模型的训练提供了强有力的支持，最终保证ChatGPT能够生成高度逼真的自然语言对话。

目前，OpenAI并没有对外公布训练ChatGPT的数据集的来源和具体细节。据悉，有80%的ChatGPT数据集来自于GPT3，而GPT3的训练数据集大小为570GB，其中包含了来自互联网的45TB文本数据。

GPT3的训练数据集主要来自以下六个领域。

第一，维基百科。维基百科是一个由超过30万名志愿者组成的社区编写和维护的免费多语言协作在线百科全书。截至2022年4月，英文版维基百科包含超过640万篇文章和超过40亿个词汇。这些文本被严格引用并以说明性文字的形式呈现，而且覆盖了多种语言和领域。

第二，故事型书籍。这类资源主要由小说和非小说两大类组成，主要用于训练模型的故事讲述能力和反应能力。

第三，期刊。这些学术文章通常具有条理分明、理性严谨的特点，为GPT3提供了大量有价值的数据。

第四，社交媒体平台Reddit链接。GPT3的训练数据集从Reddit所有出站链接网络中获取数据，这些数据代表了流行内容的风向标，对输出优质链接和后续文本数据具有重要的指导作用。

第五，Common Crawl。Common Crawl是一个网站抓取的大型数据集，自2008年至今已积累了大量来自不同语言和领域的原始网页、元数据和文本提取的文本文档。

第六，其他资源。这些资源包括GitHub代码数据集、StackExchange对话论坛和视频字幕数据集等。这些资源在GPT3的训练过程中也发挥了重要作用。

（3）数据处理

为了保证ChatGPT训练数据集的高质量，数据集中的数据一般会经历收集、筛选、工程化、人工标注四个环节。

数据收集是数据处理的第一步，目的是从不同来源获取符合要求的对话数据。在数据收集过程中，需要选择可靠的数据来源，同时需要将数据转换成相同的格式，还需要注意版权等问题。

数据筛选是第二步，目的是从搜集到的数据集中挑选出符合要求的数据进行后续处理。在数据筛选过程中，在保证数据集足够大、具备多样性的前提下，清洗出一些无意义的对话、噪声和错误文本。

　　数据工程化是数据处理的第三步，目的是将数据集中的文本数据转换成数字编号的Token序列，以便于神经网络模型的训练和推理。

　　Token化是指将一段文本分解成最小的单元，通常这些单元是单词、标点符号等。在ChatGPT中，Tokenization是将输入的文本转换成一个个标记的序列的过程。每个标记都对应一个数字编号，这个编号被用于在模型的神经网络中表示这个标记。这个过程也称为词条化或分词，它是在NLP中非常重要的预处理步骤之一。

　　在ChatGPT中，Tokenization算法是BPE（byte pair encoding），它是一种在数据工程中被广泛使用的算法。BPE算法首先将所有单词拆分成字符，如将"hello"拆分成"h"、"e"、"l"、"l"和"o"。然后，该算法统计相邻字符出现的频率，如"l"和"l"合并成一个字符"ll"。这个过程被重复进行，直到达到指定的标记数量为止。这种算法可以帮助模型更加高效地表示自然语言文本数据。

　　人工标注是数据处理的最后一步，目的是对数据集中的部分文本进行人工标注，以便于模型的训练和评估。在人工标注过程中，通常需要对数据集中的一部分文本进行人工标注，如对话情感、回答准确性等。因此需要制定标准的标注规则和标注流程，以保证人工标注的准确性和一致性。同时，在标记过程中，常用到如Labelbox、Mechanical Turk等一些标注工具，以提高标注效率和质量。

　　经过以上一系列的数据预处理和过滤，才能保证ChatGPT数据集的准确和可靠，ChatGPT也会通过人工和自动方式对数据集进行评估、更新和维护。目前，ChatGPT模型已经被精细调整，以避免生成包含敏感或不适当内容的响应。

（4）飞轮效应

　　ChatGPT已向全球公众开放，并积累了丰富的用户对话数据。这些数据经过进一步的训练和微调，能够不断优化ChatGPT模型，使其更加符合用户需求。这种优化能够吸引更多用户使用ChatGPT，从而生成更多的对话数据，形成了一种循环反馈机制，即飞轮效应。

这种飞轮效应有助于推动ChatGPT模型的持续学习和自我提升，从而提供更好的用户体验和服务。飞轮效应也成为了ChatGPT的护城河，使其在激烈的市场竞争中得以脱颖而出。

1.4
ChatGPT有哪些核心技术？

1.4.1　微调

ChatGPT能够处理语言生成、问答、文本分类等多种任务，其最核心的技术是微调。

微调是一种将预训练模型用于特定任务的方法，它可以帮助模型快速适应新任务的特定要求，并在该任务上获得更好的表现。

（1）为什么要微调

在自然语言等多任务处理中，预训练模型和微调技术是密切相关的。

可以将预训练模型看作是NLP中的通用模型，它通过大规模的无监督学习，从大量的文本数据中学习语言知识和语言规律；而微调技术则是在预训练模型的基础上，通过对特定任务的有监督学习，将模型调整到特定任务上。

通过微调技术，可以使预训练模型更好地适应特定任务和领域的语言规律及语言习惯，这种方法可以使模型更快地收敛，并在更少的数据上获得更好的表现。

从商业视角看，直接在大的数据集上训练模型成本非常昂贵，会让很多小公司望洋兴叹，采用微调之后，可以花费更少的成本，使用ChatGPT根据特定领域和场景完成定制化的任务。因为经过预训练得到的模型里存储了大量的知识，再采用微调的方式，其准确度也比直接在小数据集上进行训练要高很多。

预训练和微调结合，是 AI 领域目前处理多任务的主流解决方案。

（2）如何微调 🤖

微调的核心是基于迁移学习的思想，将模型在一个任务中学到的知识迁移到另一个任务中。预训练模型已经学习了大量的语言知识，在微调阶段，模型可以利用这些知识来快速适应新任务的特定要求。

通常使用反向传播算法对模型进行微调，反向传播算法可以根据损失函数的梯度来更新模型的参数，以最小化损失函数。在微调阶段，通常使用较小的学习率和较少的训练轮数，以避免过度拟合和快速遗忘。

整个微调过程通常包括选择预训练模型、准备数据集、微调预训练模型和评估模型。在微调过程中，首先需要选择一个与特定任务相匹配的预训练模型，然后需要将预训练模型适应到特定任务的数据集上。在数据预处理阶段，通常需要进行数据清洗、分词、词嵌入等步骤来准备数据集。此外，对于一些特定任务，如问答任务，还需要进行问题和答案的匹配处理，最后再对微调后的模型进行评估，以确定其在新任务上的表现。

（3）未来发展 🤖

微调技术已经在 NLP 领域得到了广泛的应用，并不断得到改进和优化。以下是一些微调技术的发展趋势。

首先，多任务学习是未来微调技术的一个重要方向。多任务学习是一种将模型应用于多个任务的方法，它可以帮助模型更好地利用和共享知识，提高模型的泛化能力。在 NLP 领域中，多任务学习可以帮助模型更好地处理不同类型的文本任务，如文本分类、文本生成、情感分析等，并在这些任务上获得更好的表现。

其次，领域适应也是未来微调技术的一个重要方向。领域适应是一种将模型适应到特定领域的方法，它可以帮助模型更好地理解特定领域的语言规则和结构，并生成更准确、更自然的文本。在 NLP 领域中，领域适应可以帮助模型更好地处理特定领域的任务，如医疗领域、法律领域、金融领域等。

最后，增量学习也是未来微调技术的一个重要方向。增量学习是一种将新数据集用于更新模型的方法，它可以帮助模型更好地适应新的数据和任务，并在这些任务上获得更好的表现。在NLP领域中，增量学习可以帮助模型更好地适应新的任务和领域，如在新闻报道生成任务中，可以通过增量学习来适应新的新闻数据集。

微调技术是ChatGPT的核心技术之一，它可以帮助模型更好地适应特定任务和领域，并在这些任务和领域上获得更好的表现。未来，随着微调技术的不断发展，我们可以期待其在NLP领域中发挥更大的作用。

1.4.2 提示工程

从GPT-1到GPT-3，由于模型越来越大，以及预训练阶段和下游任务之间的差距可能很大，对各个细分领域微调的计算资源要求、训练数据需求和时间成本也在快速上涨，大量爆发的下游任务使得大模型预训练和精调变得异常复杂。在这种背景下，提示工程成为了预训练模型的重要方向。

（1）提示词

提示词（prompt）是一种特殊的输入方式或者文本，它能够指导ChatGPT生成特定的输出。提示词可以作为对话的起点，也可以作为对话的补充，提示词通常包括任务描述、问题领域、用户意图等方面的信息。形象地说，提示词有点类似于老师在学生回答问题时提示的回答方向。

例如，在问答场景中，用户可以通过输入一个问题作为提示词，来引导ChatGPT生成与该问题相关的回答。在聊天场景中，用户也可以通过输入一个话题或者一个关键词作提示词，来引导ChatGPT生成与该话题或者关键词相关的回答。

通过在ChatGPT中引入提示词，可以帮助模型更好地理解用户的意图，提高模型的回答准确性和流畅度。一些研究表明，对于一些特定的任务，通过引入适当的提示词，可以使ChatGPT在少量样本的情况下达到甚至超过人类的表现。

提示学习的优势是提高了对预训练模型的利用率，提升了小场景训练效果，也降低了微调的成本。

（2）新的学科 🤖 >

基于提示词，衍生出了提示工程（prompt engineering）这一门新的学科，还出现了提示词工程师这一新兴职业，专门研究提示词编写技巧。提示词工程师需要具备深厚的 NLP 和机器学习技术知识，能够编写出高质量的提示词，从而提高 ChatGPT 的表现。

提示工程的工作原理可以简单地概括为：通过设计和构建输入提示来引导 ChatGPT 的输出，引导 ChatGPT 生成更准确、更有逻辑性的回答。

具体来说，提示工程主要包括以下三个方面的工作。

第一，提示词的选择和设计。在进行提示工程之前，我们需要选择合适的提示词并设计优秀的提示模板。选择合适的提示词是非常重要的，因为不同的提示词可能会引导 ChatGPT 生成不同的文本。提示词应该包含关键信息、具有代表性、简洁明了。另外，设计合理的提示模板也是非常重要的，提示模板应该能够充分利用提示词的信息，同时保持文本的连贯性和自然度。

第二，提示工程的实现。在进行提示工程时，我们可以通过将提示词和其他文本组合起来，再将它们输入到预训练模型中，从而生成符合要求的文本。在这个过程中，我们还可以对模型进行微调，以进一步提高生成文本的质量。

第三，提示工程的评估和优化。在进行提示工程之后，我们需要对生成的文本进行评估和优化。评估的方式通常包括人工评估和自动评估两种方式。人工评估需要专业的评估人员进行，比较耗时和耗力，但是可以提供更准确的评估结果。自动评估则可以通过一些指标来评估生成文本的质量，如准确性、连贯性、自然度等。在进行评估之后，我们可以根据评估结果对提示词和提示模板进行优化，以进一步提高生成文本的质量。总之，提示工程是一项比较复杂的工作，需要多个方面的知识和技能的综合运用。

（3）影响

提示工程是ChatGPT算法的核心技术之一，它使ChatGPT能够以类似人类的方式与我们进行交流。这使得ChatGPT在各种各样的应用场景中得到广泛应用，包括在客服、虚拟助手、语音识别和机器翻译等。

提示词及提示工程的出现，不仅改变了AI本身，更改变了所对应的领域的游戏规则。对于很多人，不需要再学习绘画、写作，而只需要学习如何使用提示词。

因为专门研究提示词的编写技巧，出现了提示工程师这一新兴职业，还出现了专门聚焦在提示词编写技巧的网站和商业模式。好的提示词甚至可以直接出售，这是AI改变人类工作模式的直接体现。

未来，提示词技术有望在以下几个方面进一步发展。

首先，随着深度学习技术的不断发展，我们可以期待通过更加智能的提示词设计来进一步提高ChatGPT的表现。例如，可以通过引入更加复杂的提示词，如多模态提示词、动态提示词等，来更好地适应不同的用户需求和场景。

其次，随着提示词技术的不断发展，我们可以期待出现更加高效和智能的提示词生成算法。例如，可以通过引入更加先进的NLP技术、深度学习技术等，来提高提示词的质量和效率。

最后，随着不断的普及和应用，我们可以期待提示词技术在商业化方面的应用和发展，如出现提示词设计、提示词生成等方面的服务和产品。

我们会在6.1节专门介绍提示词的妙用技巧。

1.4.3　思维链

ChatGPT作为一个强大的LLM工具，可以回答各种问题，但是，当问题逻辑较为复杂时，模型的表现就会受到挑战。这是因为模型的训练数据通常基于大量文本语料库，缺乏对逻辑的深入理解，这时，思维链（chain of thought）的应用便显得尤为重要。

（1）人的思维

思维链是指人类在进行思考、判断和决策时，将一系列有关联的思维元素串联在一起的过程。这些思维元素可以是概念、观念、知识点，它们之间通过逻辑关系相互连接。例如，当我们在思考"太阳为什么会升起？"这个问题时，我们会将一系列相关的知识点串联在一起，如地球自转、地球公转、地球倾斜、日地距离等。这些知识点之间有着明确的逻辑关系，它们相互连接形成了一个完整的思维链。

ChatGPT的思维链模式参考了人类解决问题的方法，从输入问题开始再到一系列推理的过程，与传统的提示词模式"提出问题，给出答案"不同，在思维链提示词的模式下，用户需要提供一系列有逻辑的解题步骤的示例，然后提出问题，思维链的构建过程需要考虑逻辑关系、因果关系、时间顺序等多个方面，可以看作是一种将复杂问题分解为简单步骤的方法，在此基础上，模型就能给出正确的答案。

理论上，思维链可以应用于任何类型的问题，但是在实践中，它对于需要深入推理的问题尤其有用。例如，对于一个问题，如果需要考虑多个因素才能得出答案，那么思维链的应用就能够极大地提高模型的表现。

（2）解决复杂问题

在ChatGPT中，思维链是一个关键的组成部分，它由一系列的提示词组成，每个提示词都是一个逻辑上合理的推理步骤。当用户输入一个问题时，ChatGPT会根据这个问题生成一条思维链，并将它作为输入，用于生成输出结论。

虽然ChatGPT并非具备真正的意识和思考能力，但用类似于人的推理方式的思维链来提示语言模型，极大地提高了ChatGPT在推理任务上的表现，具备思维链能力的ChatGPT模型具有一定的逻辑分析能力。思维链能够帮助模型更好地理解问题，并且提供了一种更加自然的方式来解决复杂的问题。

在理解问题层面，思维链将复杂的任务分解为简单的步骤，使模型更容易理解问题的结构和逻辑关系；在解决问题时，通过引入思维链，模型可以自动推断出问题的逻辑结构，然后可以根据这些逻辑结构进行推理。此外，思维链还可以提高ChatGPT的可解释性。通过思维链，用户可以更清晰地了解模型是如何得出答案的。这对模型的可信度和可靠性有很大的帮助。

举一个简单的例子：当用户询问"现在北京是什么天气"时，ChatGPT需要通过建立思维链来理解用户的查询意图。具体来说，ChatGPT首先需要理解"现在"表示的是时间，然后需要通过"北京"这个关键词建立地理位置的概念，最后需要将"天气"这个关键词与地理位置和时间相互连接，建立完整的思维链。在建立好思维链之后，ChatGPT就可以根据思维链生成回复，如"现在北京的天气是晴天"。

（3）未来发展

思维链是一种新的思维模式，在ChatGPT中，思维链成为了一个关键的组成部分，它让大众感觉到语言模型"像人"的关键特性。随着模型规模的不断增加，思维链能力的提高也成为了LLM发展的一个重要方向。

思维链本质上是一种特殊的小样本提示，就是说对于某个复杂的推理问题，用户把一步一步的推导过程写出来，并提供给LLM，这样LLM就能做一些相对复杂的推理任务。

一般认为模型的思维推理能力与模型参数大小有正相关趋势，传统看法是突破一个临界规模（大概为62B，B代表10亿），模型才能通过思维链提示的训练获得相应的能力。如果是6B以下的单模态模型，那很可能还只是GPT-2级别的初级模型。另外也有研究表明，在语言训练集中加入编程语言（如Python编程代码）可提升模型逻辑推理能力。具有多模态思维链推理能力的GPT-4模型可用于简单数学问题、符号操作和常识推理等任务。

引入更多的提示词，构建更加复杂的思维链，可以进一步提高模型在推理任务上的表现，思维链模式有望成为LLM的标配之一，为AI技术的发展带来更多可能性。

1.4.4　强化学习

人类语言是一种复杂且多变的系统，对LLM来说，要理解和处理语言是一项非常具有挑战性的任务。ChatGPT能够根据给定的对话历史和上下文生成自然流畅的回复，人类反馈的强化学习（reinforcement learning from human feedback，RLHF）起到了重要作用。

（1）奖惩信号

强化学习（reinforcement learning）是一种机器学习的方法，它通过与环境交互来学习如何做出最优决策，其背后的逻辑是"试错"。

在强化学习中，模型通过学习"奖惩信号"来调整自己的行为，从而最大化累积奖励。这种学习方式最早受到生理学，特别是巴甫洛夫学说很大的启发，已经有近百年的发展历史了。

然而，在NLP领域中，奖惩信号的获得通常是非常困难的。因为人类语言的复杂性和多样性，将人类用户的反馈准确地转化为奖惩信号是一件非常具有挑战性的事情，这就是RLHF应运而生的原因。

RLHF结合了强化学习和人类反馈的思想，通过人类反馈来让模型学习人类评价的复杂性。

RLHF的发展历程可以追溯到2016年。当时Google Brain团队提出了一种基于人类反馈的强化学习算法——人类评估（human evaluation）算法。这种算法通过让人类评价者评价模型生成的文本来指导模型的学习，其思想是观察人类评价者的行为来推断出人类评价者的奖励函数，从而获得更加准确的奖惩信号。

RLHF技术可以帮助ChatGPT模型更好地服务于用户。例如，在用户向ChatGPT提出问题时，如果ChatGPT能够生成更加准确、自然的回复，用户就会更加满意。此外，RLHF技术还可以帮助ChatGPT更好地理解人类语言的复杂性，从而获得更深入的语言理解。

（2）如何实现

当ChatGPT生成一句话时，RLHF会将这句话展示给人类评价者，让其评价这句话的质量。然后，根据评价结果，RLHF会根据强化学习算法来调整模型的参数，以改善生成质量。通过这种方式，RLHF让ChatGPT能够从人类的角度出发来生成对话，从而提高了对话生成的质量。

在ChatGPT中，RLHF可以通过以下步骤实现。

① ChatGPT生成一个回复，并将其展示给用户。

② 用户对回复进行评价，如"好的""不好的"等。

③ ChatGPT将用户的评价作为奖励信号，用于优化模型。

这种方法可以帮助ChatGPT更好地理解人类语言和语义，从而生成更加自然的回复。例如，如果用户对回复进行了积极的评价，那么ChatGPT可以学习到这条回复是正确的，并更有可能在类似的上下文中生成类似的回复。相反，如果用户对回复进行了消极的评价，则可以将其视为错误，并调整模型以避免生成类似的回复。

再举一个例子，如果用户经常选择回复A而不是回复B，那么我们可以推断出用户更喜欢回复A，因此可以将回复A的得分设定为更高的奖励值，从而鼓励ChatGPT更多地生成类似的回复。

（3）未来发展

除了在NLP领域的应用，强化学习在其他领域也有着广泛的应用。例如，在AlphaGo的背后，就是一种基于强化学习的算法。这些算法已经在围棋、象棋、扑克等游戏中取得了惊人的成就，甚至能够战胜世界级选手。在工业自动化、机器人控制、交通管理等领域，强化学习也有着广泛的应用。随着技术的不断进步，我们可以期待强化学习在更多领域中的应用，为人类带来更多的创新和进步。

RLHF技术的应用也面临一些挑战。例如，如何将用户反馈的非结构化数据转化为机器可读的形式，如何解决用户反馈的不确定性和主观性等问题。在某些情况下，强化学习算法可能会出现"不道德决策"的问题。例如，在某些情况下，机器人可能会选择不道德的行为来最大化奖励，这可能会对人类造成伤害。

为了解决这个问题，研究人员提出了一种叫作"道德强化学习"的技术，通过将道德规范融入强化学习中，从而避免不道德的行为。

另一个有趣的案例是，强化学习算法可以帮助电脑游戏中的角色自主学习和进化。例如，在"星际争霸"游戏中，研究人员使用强化学习算法训练了一组自主进化的角色，这些角色可以自主学习并变得越来越强大。这种技术不仅可以用于电脑游戏，还可以用于其他领域的自主学习和进化。

RLHF是一种非常有前途的机器学习方法，在NLP等领域具有广泛的应用前景。通过集成人类反馈，可以帮助智能体更快地学习和提高性能，同时也可以促进人类和机器智能之间的互动和合作。

1.5
什么在支撑ChatGPT的计算?

1.5.1 算力飙升

算力是计算机的处理能力，更是训练和使用模型所必需的资源，就像水、电、气一样，是不可或缺的关键基础设施。

（1）如何衡量

在计算机体系中，算力可以看作是很多处理器计算能力的总和，单个处理器的性能可以用以下公式进行计算。

$$单个处理器的性能 = 单位计算密度 \times 频率 \times 并行度$$

那么

$$总算力 = 单个处理器的性能 \times 处理器的数量$$

除了总算力外，还需要考虑对算力的利用效率，即

$$实际总算力 = 总算力 \times 利用率$$
$$= 单位计算密度 \times 频率 \times 并行度 \times$$
$$处理器的数量 \times 利用率$$

单位计算密度是由指令复杂度来决定的，指令复杂度决定了计算机软硬件解耦程度。指令是软件和硬件的媒介，通常来说指令越简单，编程灵活性越高，性能越低，而指令越复杂，性能越高，但其软件灵活性也越差，只能用于特定的场景。

频率越高，计算速度越快，而频率受电路中的关键路径的约束，关键路径越短，频率则越高。

并行度是指令并行执行的最大数目，在指令流水中，同时执行多条指令称为指令并行，提高并行度可以最大限度地利用计算资源或存储资源。

当算力上规模后，通过云计算、边缘计算、超云、云网融合等手段，可以持续优化算力的利用率。

（2）训练算力

深度学习模型通常采用浮点数进行计算，一般以每秒浮点运算次数（FLOPS）来衡量执行某个任务所需的计算量。浮点数是一种基本的数据类型。

训练一个大型的深度学习模型通常需要数千亿到数万亿的浮点运算量，具体所需的数值，还取决于模型规模（参数数量）、训练数据集大小、训练轮次、批次大小、GPU 性能等。

以 GPT 为例，在大模型框架下，每一代 GPT 模型的参数量都在高速增长，GPT-1 的参数量约为 1.17 亿个，到了 GPT-3 参数规模翻了 1029 倍，达到了 1750 亿个。据悉 GPT-4 的参数规模可能会有万亿之多，达到松鼠大脑的规模了，人类大脑的规模在 170 万亿个左右。

根据 OpenAI 的数据，GPT-3 训练一次大约需要 3.14×10^{23} FLOPs 算力，我们假定 ChatGPT（GPT-3.5）的参数规模为 5000 亿个，用 1PB 数据进行训练，训练一次，并且在 10 天内完成训练。可以通过以下简化公式进行估算。

所需 FLOPs ＝（5000 亿参数／1750 亿参数）$\times 3.14 \times 10^{23}$ FLOPs

根据以上公式，可以计算出训练 ChatGPT（假设参数规模为 5000 亿）模型大约需要 8.97×10^{23} FLOPs 的算力。

（3）推理算力 🤖⟩≡

除了训练之外，在ChatGPT推理过程中，即模型被访问阶段，ChatGPT对算力同样有着狂热的需求。

计算一个用户向ChatGPT提问并获得回复所需的算力，需要考虑模型规模、输入文本长度（问题长度）、输出文本长度（回复长度）、模型的计算复杂性等因素。

其中，模型的计算复杂性指的是模型本身的复杂程度，它与模型维度（D）和模型层数（N）成正比。

ChatGPT回复一个用户的问题需要消耗的算力，可以用以下简化公式来计算。

$$FLOPs = L \times D \times N$$

其中，L是用户问题的输入长度与模型回答的输出长度之和。

假设用户问ChatGPT一个50个字的问题，ChatGPT给出了1000字的回复，那么完成这样一次交互需要消耗的算力为

$$FLOPs = L \times D \times N = （50+1000）\times 1280 \times 96 = 128448000FLOPs$$

也就是说，一个用户，输入问题长度为50个字，输出回复长度为1000个字时，所需的算力约为1.28×10^8 FLOPs。

假设每日用户数量为1000万，每日每用户提问约10个问题，那么一天ChatGPT推理所需要的算力为

$$1.28 \times 10^8 \times 1000 \times 10 = 1.28 \times 10^{12} FLOPs$$

需要注意的是，无论是训练和推理，以上估计只是一个大致数字，实际的算力需求可能会因为训练数据集的不同、模型的架构和超参数的不同等因素而有所差异。

（4）需求飙升 🤖⟩≡

ChatGPT自发布以来用户数量快速增长，在庞大用户群涌入的情况下，ChatGPT服务器因为算力不足，曾经在2天内宕机了5次。

根据OpenAI的数据，自2012年以来，AI训练任务中使用的算力呈指数级增长，其增长速度为每3.5个月翻一倍，已经超过了摩尔定律，截至目前人们对算力的需求已增长超过30万倍。

ChatGPT带动了算力的高速增长，由此引发的算力军备竞赛也已经悄然而至，上到国家，下到高科技公司，都在投入大量的资金和人力来研发高性能的算力资源。

算力已经成为了数字经济中所有应用和服务的基础与支撑，而算力的提升也可以使企业和组织能够更快、更有效地处理与分析数据。

总之，ChatGPT训练和推理所需的算力是巨大的，为了满足这种狂热的需求，需要使用高性能的GPU加速器，以达到最佳的训练和推理效果。

1.5.2 大模型需要什么芯片

对于ChatGPT大模型来说，需要大算力计算的、高存储的和数据交互的芯片，包括CPU（central processing unit，中央处理器，核数大于8）、存储（内存/GDDR/HBM/NVMe）、用于AI计算的GPGPU（general purpose graphics processing unit，通用图形处理器）或大算力DSA芯片、数据交互（Infiniband卡）。

（1）训练集群 🤖

ChatGPT模型的参数量高达千亿，几乎不可能使用单卡训练，往往需要跨多个计算节点、通过分布式计算配置为训练集群，其中每个节点可由单台到多台AI服务器组成，训练集群包括了计算、存储和网络通信功能。

下图是一个非常典型的AI服务器的物理结构，最上层用于服务器之间高速互联，下层是高算力的AI芯片，AI芯片之间的互联采用NVLink方式，再往下面是内存、CPU主板及硬盘，最后是电源和风扇。

在AI服务器中，芯片的本地内存和带宽很大程度上决定单个芯片的执行效率，随着模型参数进一步扩大，它对内存需求会进一步提

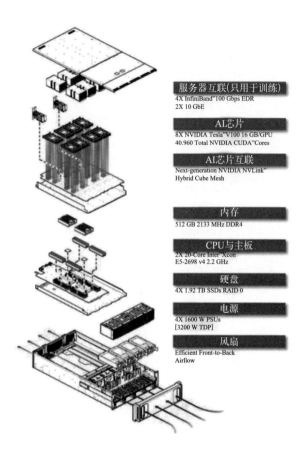

服务器互联(只用于训练)
4X InfiniBand"100 Gbps EDR
2X 10 GbE

AI芯片
8X NVIDIA Tesla"V100 16 GB/GPU
40.960 Total NVIDIA CUDA"Cores

AI芯片互联
Next-generation NVIDIA NVLink"
Hybrid Cube Mesh

内存
512 GB 2133 MHz DDR4

CPU与主板
2X 20-Core Inter"Xcon
E5-2698 v4 2.2 GHz

硬盘
4X 1.92 TB SSDs RAID 0

电源
4X 1600 W PSUs
[3200 W TDP]

风扇
Efficient Front-to-Back
Airllow

升，以HBM（high bandwidth memory，高带宽存储器）为代表的超高带宽内存技术将会成为相关加速芯片的必然选择。除了HBM之外，CXL（computer express link，计算快速链接）等新存储技术加上软件的优化也将在这类应用中增加本地存储的容量和性能。

（2）计算芯片

大模型中常用的计算芯片离不开三类，即CPU、GPU和DSA（domin specific architecture，领域专用加速器）。

CPU是计算机系统的运算和控制的核心，任何服务器都需要CPU参与。相比于GPU，CPU在一些对计算延迟要求不敏感的场景可能会获得更高的性价比。

CPU主流架构包括X86架构、ARM架构和RISC-V架构。X86架构是一种CPU指令集，也叫Intel指令集和IA32指令集，是由Intel公司开发的CPU架构标准；ARM架构是由ARM公司开发的基于RISC（精简指令集计算）的处理器架构；RISC-V架构是基于RISC原理建立的开放指令集架构（ISA）。

GPGPU是利用并行处理单元，来计算原本由CPU处理的通用计算任务的处理器。在平时使用时，大家常说的GPU概念事实上就是指的GPGPU，下文都简称为GPU。

相比于CPU架构，在相同的面积上，GPU将更多的晶体管用于数值计算，取代了缓存（cache）和流控（flow control），所以GPU的计算单元数量远多于CPU，但缓存和流控都要少。

DSA是使用专用电路结构进行一些特定场景或AI算法计算的芯片级加速器。GPU内的张量核心（tensor core）本质也属于DSA，DSA的计算并行度比GPU更高。DSA的典型代表是Google的TPU，根据Google提供的数据，在Google内部，TPU大概有57%的资源使用在了各类Transformer大模型训练中，相对于同工艺代的GPU，TPU大概会有50%的能耗降低，意味着DSA会有50%的硅片面积节省和更具优势的制造成本。DSA在大规模的模型部署中会具有非常大的成本优势。

从算力性能来说，DSA>GPU>CPU，同时从训练或计算灵活性来说，CPU > GPU > DSA。

因为ChatGPT需要高度灵活的生态支持，所以还是GPU统治着大模型的训练市场，而在部署方面，DSA相对具有明显的成本和性能优势。

（3）存储系统

计算机系统通常采用高速缓存（SRAM）、内存（DRAM）、外存（NAND Flash）的三级存储结构。系统运作时，需要不断地在内存中来回传输信息。数据在三级存储间传输时，后级的响应时间及传输带宽都将拖累整体的性能，并且由于数据量庞大，系统需要借助外存并用网络接口I/O来访问数据，致使访问速度下降了几个数量级。

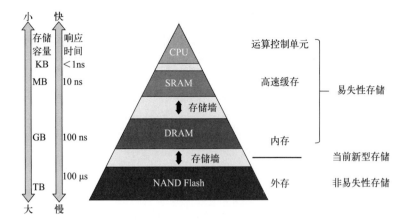

CXL是一种全新的互联技术标准，CXL能够让CPU与GPU、DSA之间实现高速高效的互联，从而满足高性能异构计算的要求，并且其维护CPU内存空间和连接设备内存之间的一致性，从而解决了各设备间的存储割裂的问题，能够大大降低内存的分割导致的浪费和性能下降。

除了CXL外，HBM也逐步成为了标配。

HBM是一种新型的CPU/GPU内存芯片，通过将多个DRAM芯片堆叠在一起后，和GPU封装在一起，形成一个大容量、高位宽的DRAM阵列。HBM方案由多个芯片垂直堆叠而成，每个芯片上都有多个内存通道，可以在很小的物理空间内实现高容量和高带宽的内存，有更多的带宽和更少的物理接口，而物理接口越少，功耗就越低。同时，HBM还具有低延迟的特点，但相对而言，其成本更高。HBM方案目前已演进为高性能计算领域扩展高带宽的主流方案，并逐渐成为主流AI训练芯片的标配。

（4）高速互联

为了提升互联带宽，在AI训练集集群中，计算服务器之间的高速互联主要通过Infiniband实现。

InfiniBand可以翻译为无限带宽，是一个用于高性能计算的计算机网络通信标准和协议。InfiniBand具有高带宽、低延迟和低CPU消耗的优势，开放和高性能使得Infiniband成为集群数据交互的事实标准，目前是在多节点集群上部署大模型网络的主流服务器间通信方案。

在ChatGPT这类大模型训练和微调中，一般需要使用Infiniband这类服务器互联技术进行大算力芯片间的协同工作，整合海量芯片的算力。

1.5.3 GPU一统天下

如果说算力是AI的引擎，那么芯片就是算力的硬件支撑，作为一种高效的并行计算硬件，GPU在近年来逐渐被应用到深度学习领域中，并成为了大模型训练和推理的主流选择。而英伟达，无论在GPU硬件性能、软件栈还是生态等方面，都是统治性的。

（1）发展历程

GPU最初是为了图形渲染而设计的，其发展历程可以追溯到20世纪80年代初期。当时，计算机的图形处理是由CPU完成的，但是CPU的计算能力有限，无法满足高质量图形渲染的需求。因此，一些公司开始尝试使用专门的图形加速卡来提高计算机的图形处理能力。

1999年，美国公司英伟达推出了第一款基于图形处理器的通用计算卡——GeForce 256。这款卡使用了新的图形处理器架构，并支持硬件加速的三角形测量、光照计算和纹理映射等图形处理任务。同时，这款卡还支持基于OpenGL和DirectX的通用计算API（application programming interface，应用程序编程接口），使得它可以用于一些非图形计算任务的加速。在接下来的几年中，英伟达推出了一系列基于图形处理器的通用计算卡，如GeForce 2、GeForce 3和GeForce 4等，这些卡的计算能力不断提高，并支持更广泛的通用计算API。

2006年，英伟达推出了第一款基于CUDA（compute unified device architecture，统一计算架构）的GPU——GeForce 8800。CUDA是一种基于C/C++编程语言的并行计算框架，它使得开发人员可以使用标准的编程语言来编写并行计算程序，并在GPU上运行。这种架构的GPU不仅可以用于图形渲染，还可以用于通用的高性能计算任务，如机器学习、计算机视觉和科学计算等。

随着深度学习等应用的兴起，GPU的计算能力和能效比成为了影响其市场地位的关键因素。2012年，英伟达推出了第一款基于Kepler架构的GPU，这款GPU支持动态并行处理、更高效的数据传输和更好的能效比。这使得英伟达的GPU在深度学习等计算密集型任务中表现出色，并逐步成为市场的主导者。

2016年，英伟达发布的P100率先在GPU中引入HBM，通过近存计算架构（Chiplet方式封装）提升数据吞吐速率。

2017年发布的Volta GPGPU架构，使用Tensor Core（张量计算核心）来提升AI计算性能。Tensor Core是由英伟达研发的DSA核心，可实现混合精度的矩阵直接计算，并能根据精度的降低动态调整算力，在保持准确性的同时提高吞吐量。

随着深度学习模型规模的不断扩大，GPU的计算能力和能效比也在不断提高。2018年，英伟达推出了新一代GPU架构——Turing架构，这款架构支持更高效的深度学习计算、更好的低精度计算、更高的带宽和更大的内存容量。同时，Turing架构还支持实时光线追踪和AI增强等新功能，使得GPU在计算机图形学、计算机视觉和AI等领域中的应用更加广泛。

2020年，英伟达推出了新一代GPU架构——Ampere架构，这款架构进一步提升了GPU的计算能力和能效比。

同时期，基于Ampere架构的英伟达A100芯片上市，专用于自动驾驶、高端制造、医疗制药等AI推理或训练场景。2022年，英伟达推出了基于全新Hopper架构的GPU H100。Hopper架构以计算科学的先驱Grace Hopper的姓氏命名。H100具有800亿个晶体管，采用台积电4nm工艺，在性能上堪称英伟达的新核弹。

Hopper架构的H100与前几代GPU性能对比

性能参数	英伟达 H100	英伟达 A100	英伟达 Tesla V100	英伟达 Tesla P100
GPU型号	GH100	GA100	GV100	GP100
晶体管数量	80B	54.2B	21.1B	15.3B
芯片面积	$814mm^2$	$828mm^2$	$815mm^2$	$610mm^2$
架构	Hopper	Ampere	Volta	Pascal

性能参数	英伟达 H100	英伟达 A100	英伟达Tesla V100	英伟达Tesla P100
工艺节点	TSMC N4	TSMC N7	12nm	16nm
CUDA Cores	16896/14592	6912	5120	3584
L2缓存容量	50MB	40MB	6MB	4MB
Tensor核数量	528/456	432	320	—
内存总线位宽	5120-bit	5120-bit	4096-bit	4096-bit
内容容量	80 GB HBM3/HBM2e	40/80GB HBM2e	16/32 HBM2	16GB HBM2
设计功耗	700W/350W	250W/300W/400W	250W/300W/450W	250W/300W
接口	SXM5/PCle Gen5	SXM4/PCle Gen4	SXM2/PCle Gen3	SXM/PCle Gen3
发布时间	2022	2020	2017	2016

（2）高度依赖GPU

对于ChatGPT这样的大模型，它的特点是具有极大的参数量和复杂度，其计算量非常庞大，需要大量的计算资源来支撑，因此，GPU这样的高并行计算能力和大规模并行计算架构是必不可少的。

GPU的高并行计算能力和大规模并行计算架构，可以使多个GPU能同时处理多个任务和多个数据流，这对于大规模的模型训练和推理非常关键。此外，GPU也具有较高的灵活性，可以通过软件和驱动程序来进行优化和适配，这使得GPU能够应对不同的应用场景和需求。

除了GPU之外，市面上主要还有FPGA（现场可编程门阵列）和ASIC（专用集成电路）两大类AI芯片，其中，FPGA具有高度的可编程性，能够根据不同的应用场景进行优化，因此在一些特定的任务中表现出了优异的性能；ASIC则是一种专门为特定应用场景设计的芯片，因此在特定领域中具有非常高的性能和能效比。

然而，相比于GPU，FPGA和ASIC芯片存在一些明显的劣势。首先，FPGA和ASIC的开发和适配成本相对较高，需要相应的硬件和软件支持。此外，它们的灵活性也相对较差，不如GPU能够适应不同的应用场景和需求。最重要的是，GPU在深度学习领域中已经具有了非常成熟的生态系统和开发工具，这使它成为了深度学习领域中的主流选择。

（3）一统天下

在GPU市场上，英伟达无疑是市场的主导者，它的GPU芯片在深度学习领域中有着非常广泛的应用。

英伟达的GPU在深度学习领域中具有非常成熟的生态系统和开发工具，其采用了CUDA平台和相关的开发工具，这使得开发者能够方便地利用GPU进行深度学习模型的训练和推理。CUDA诞生的结果是似乎在一夜之间，全球所有超级计算机都采用了GPU运算。

此外，英伟达还推出了一系列针对深度学习的GPU加速库和工具，如cuDNN、TensorRT等，这使得开发者能够更加高效地利用GPU进行深度学习模型的训练和推理，从而进一步提高了英伟达GPU在深度学习领域中的竞争力。

英伟达在深度学习领域中也逐步建立了良好的口碑和品牌形象，这些都成为了英伟达最核心的竞争力。虽然如AMD等其他公司也在不断推出自己的GPU产品，但是它们在GPU市场上的份额相对较小、无法与英伟达相比。

英伟达A100和H100是目前性能最强的数据中心专用GPU，市面上几乎没有可规模替代的方案，包括特斯拉、Facebook在内的企业，都利用A100芯片组建了AI计算集群。

GPU作为一种高效的并行计算硬件，经历了从专门的图形加速卡到通用的并行计算硬件的演变。随着计算机图形学、计算机视觉、深度学习等领域的发展，GPU的计算能力和能效比也在不断提高。同时也涌现出越来越多针对不同应用场景的GPU产品和架构，这些新技术和产品不断推动着GPU的发展，使得GPU在人工智能、科学计算、高性能计算等领域发挥着越来越重要的作用。

1.5.4 内存墙和功耗墙

大模型的训练和推理需要消耗大量的计算和存储资源，它们需要高效的计算处理和大量的数据存储，并且在计算和存储之间需要进行高速的数据交换。以上这些特点给当前冯·诺依曼架构下的计算机带来了巨大挑战，最典型的问题就是内存墙和功耗墙。

（1）存算分离

在传统冯·诺依曼架构下，芯片的存储和计算是分离的，计算时数据会在两个区域之间不断读写和搬运。随着数据规模及处理需求不断增长，由于内存容量和传输带宽的限制，经常会出现因处理器延时等待内存数据回传而导致计算效率降低的现象，即业内俗称的内存墙。

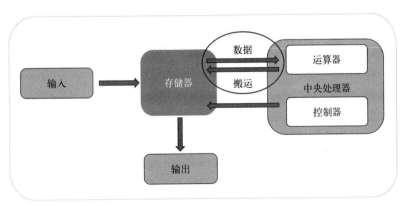

冯·诺依曼架构

与此同时，冯·诺依曼架构要求数据在存储器单元和处理单元之间不断地读写和传输过高的信息交换量也带来了严重的发热和功耗问题。数据量越大、参数越多，数据传输造成的功耗损失也就越严重，就逐步形成了功耗墙问题。

在过去的20多年间，处理器性能以每年大约55%的速度提升，内存性能的提升速度每年只有10%左右。长期下来，不均衡的发展速度造成了当前的存储速度严重滞后于处理器的计算速度。

随着大模型的出现，内存墙和功耗墙的问题也变得更加突出。

（2）如何打破 🤖

解决内存墙和功耗墙问题，最直接的做法是增加数据总线的带宽或者时钟频率，增大数据总线的数据吞吐量，但是随之而来的是更大的功耗；也可以采用新的存储技术，来提高存储器的容量和性能，但这种方式带来了额外的硬件开销。

还有一种做法是将存储器和处理器的空间距离减少，减少数据传输距离，减小数据总线长度，从而减少了数据传播延迟和额外功率的消耗。目前世界上各企业广泛研发和应用的是增加片上缓存这一手段，这一手段可以减小存储器和处理器速度不匹配所带来的问题。

除了在硬件上进行优化，业界也采取了以下方法来解决内存墙和功耗墙问题。

第一是分布式训练，即将大规模的模型分成多个小模型，同时在不同的计算节点上进行训练，从而避免了单个计算节点内存和功耗的限制。但分布式训练需要高速网络连接和复杂的同步算法，这会带来额外的开销。

第二是模型压缩，将大模型的参数数量压缩到较小的范围内，常见的压缩方法包括剪枝、量化、低秩分解、稀疏等。这种方法可以在一定程度上缓解内存和计算压力，但是可能会影响模型的性能和泛化能力。

第三是算法优化，通过算法设计来提高内存和计算的效率。例如，可以采用稀疏矩阵、低精度计算等技术来降低模型的存储和计算需求，同时也可以采用数据并行和模型并行等技术来降低通信需求。

（3）存算一体 🤖

以上提到的方法，可以部分解决因存储器与处理器性能不匹配，以及数据总线所带来的信号延迟和额外功耗问题，但回到问题根本，还是在于"存算分离"的架构。因此，学术界及工业界提出了"存算一体"的新计算机体系架构，其核心思想是将部分或全部的计算移到存储中，让计算单元和存储单元集成在同一个芯片，在存储单元内完成运算，让存储单元具有计算能力。

如果说"存算分离"是以计算为中心，那么"存算一体"则是以存储为中心，直接利用存储器对数据进行直接处理，把数据的存储和计算融为一体，这种方式特别适用于需要处理大参数、大数据的领域。

需要指出的是，"存算一体"产业链还不成熟，存在上游支撑不足、下游应用不匹配等诸多挑战。此外，"存算一体"也离不开新的存储方式，这些新的存储方式，往往还不具备Flash、DRAM等成熟工艺的可靠性，也需要继续发展并完善。

总体来说，"存算一体"是一种能够根本解决内存墙和功耗墙问题的有潜力的计算架构。

1.6
GPT-5整装待发

OpenAI在2023年3月对外发布了ChatGPT的下一代模型GPT-4，但没有公布GPT-4的模型架构、模型大小、训练技术、数据集构建、训练方法等详细信息。相比于ChatGPT，GPT-4凭借接近人类水平的语言理解和生成能力及其他方面的优势，可在各种领域和场合中发挥重要作用。

（1）进化

第一，长文本处理能力极大加强。与ChatGPT限制3000个字相比，GPT-4将文字输入限制提升至2.5万字，允许使用长格式内容创建、扩展对话及文档搜索和分析等用例。文字长度的增加，大大扩展了GPT-4的实用性。例如，可以把近50页的书籍输入GPT-4，从而生成一个总结概要，把1万字的程序文档输入GPT-4，直接让它修改代码错误。

第二，GPT4是一个多模态的模型，可以接收文本和图像的提示语（包括带有文字和照片的文件、图表或屏幕截图）。ChatGPT主要用于文字回答和剧本写作，而GPT-4还具有看图作答、数据推理、分析图表、总结概要和角色扮演等更多功能。

第三，当处理更加复杂的任务时，GPT-4比ChatGPT更可靠，也更具创造力。例如，在多种专业和学术基准方面，GPT-4的表现近似人类水平；在模拟律师考试方面，GPT-4可以进入应试者前10%，而ChatGPT则在应试者倒数10%左右；在 USABO Semifinal Exam 2020（美国生物奥林匹克竞赛）、GRE口语等多项测试项目中，GPT4也取得了接近满分的成绩，几乎接近了人类水平。

需要指出的是，在生成文本的速度方面，GPT-4的速度明显慢于ChatGPT。

（2）全面提升

在训练参数上，相较于ChatGPT的1746亿个参数，GPT-4的参数是其10倍以上，大约为1.8万亿个参数。GPT-4的规模比ChatGPT更大，更大的规模通常意味着更好的性能，能够生成更复杂、更准确的语言。

在训练数据集上，GPT-4在GPT-3和ChatGPT的基础上增加了多模态数据集，包括图表推理、物理考试、图像理解、论文总结、漫画图文等不同类型，同时还使用了大量的可视数据。GPT-4的训练数据比ChatGPT更丰富，这使得GPT-4 具备更广泛的知识，回答也更具针对性。

根据媒体报告，GPT-4模型由来自各种来源的大约13万亿标记进行训练，包括互联网数据、书籍和研究论文。为了降低训练成本，OpenAI采用了张量和流水线并行，以及6000万个大批量。据估计，GPT-4的训练费用约为6300万美元。

在训练过程上，根据OpenAI发布的技术报告，GPT-4的训练过程与ChatGPT类似，都包括SFT（supervised fine-tuning）预训练、基于RLHF的奖励模型训练、强化学习（proximal policy optimization，PPO）算法微调。

与之前的GPT模型不同的是，OpenAI使用基于规则的奖励模型（RBRM）向GPT-4提供额外的奖励信号，同时也引入了对抗性测试。

此外，为了保持合理的训练成本，OpenAI使用了混合专家系统（mixture of experts，MoE）。MoE可以动态激活部分神经网络，在不增加计算量的前提下增加模型参数量。据悉，OpenAI在GPT-4中使用了16个专家。

此外，在过去2年对GPT-4的研发中，OpenAI与微软云Azure的超算团队一起，共同设计了针对大模型训练的超级计算机。根据媒体报道，OpenAI用于GPT-4的训练FLOPs约为2.15×10^{25}，使用了约25000个A100 GPU进行了90 ～ 100天的训练。

（3）整装待发

按照OpenAI创始人Altman透露的信息，大语言模型每18个月，能力就会增长一倍，按照这个时间推算的话，GPT-5应该已经整装待发了[1]。

针对每一代大语言模型开发，模型训练大概会占用12个月时间，安全验证会占用6个月时间。模型训练包括SFT微调、RM奖励模型训练、PPO强化学习三个阶段。其中，RM奖励模型训练的时间可以忽略不计，SFT微调和PPO强化学习会各占6个月时间。

此外，微软已经给OpenAI补充了更多的算力，包括采用英伟达最新的H100GPU，算力是A100的2倍以上。此外，数据飞轮效应，前面GPT累积的数据，又可以为GPT-5提供更多的高质量数据。

---

[1] 2024年2月，OpenAI发布了人工智能文生视频大模型Sora。2024年7月，OpenAI推出AI搜索工具SearchGPT。

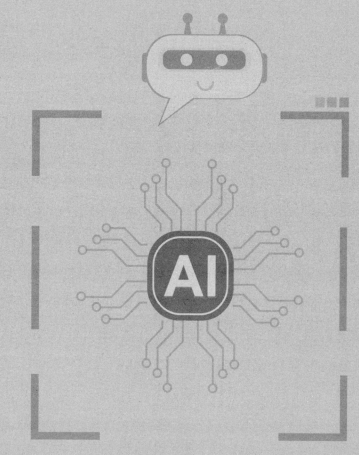

ChatGPT

第2章
ChatGPT 为什么
这么火？

ChatGPT为什么会如此受人瞩目？它又将如何影响我们的未来？本章节，我们主要介绍ChatGPT的核心优势和对AI产生的深层次改变。ChatGPT的影响力远超我们的想象，在应用场景方面，其表现同样令人瞩目。理解了背后的原因，我们将更好地认识ChatGPT的巨大价值和潜力。

2.1
ChatGPT的核心优势是什么？

自ChatGPT发布以来，全球还没有第二款同类型应用达到与之同级别的技术水平，开发ChatGPT的OpenAI也走向了AI舞台的中央。本章将从技术、商业、产品、生态、系统五个维度，探讨ChatGPT背后核心的优势。

2.1.1 技术壁垒

ChatGPT的核心是一个巨型的神经网络模型，它利用海量的数据和算力来训练自己，从而学习语言的规则、知识和风格。构建这个大模型的核心技术需要四大支撑，第一是高质量的数据，第二是买不到的算力，第三是闭源的算法，第四是AI的工程化。

（1）高质量的数据

至今，OpenAI都没有公开训练ChatGPT的数据集来源及具体细节，GPT-3模型训练需要的语料75%是英文，3%是中文，还有一些西班牙文、法文、德文等语料集。

目前来看，这些学习语料可以通过开源的数据集及公开数据（维基百科、百度百科、微博、知乎等）获得，OpenAI训练GPT-3时，爬取了31亿个网页，约3000亿个词，此外OpenAI有私有的数据集，如WebText数据集收集了Reddit平台上的800万篇高赞文章，约150亿个词。

以上这些语料中，英文语料的数据更多、质量更高，而中文开源的高质量数据很少，特别是构建通用领域大模型的百科类、问答类、图书文献、学术论文、报纸杂志等高质量中文内容很少。

更重要的是，构建LLM，需要非常专业的数据服务，需要对数据进行加工、清洗、标注，很多公司都还处于起步的阶段。

（2）买不到的算力

ChatGPT这样的大规模模型，无论是训练还是推理，都需要超大的算力。GPT-3的参数规模是1746亿，训练时间需要3640个petaflop天。

1个petaflop就相当于进行一千万亿次数学运算，所以即便每秒能够计算一千万亿次，也需要花上十年才能完成GPT-3的训练。OpenAI之所以能在相对短的时间完成GPT-3的训练，一是得益于transformer架构支持并行计算，能够有效缩短模型训练时间，二是得益于英伟达的高性能GPU。

微软为了支持GPT-3的训练，为OpenAI量身打造了一个超算平台，把几万张英伟达A100芯片连在一起，还特别改造了服务器机架，采用由1万颗英伟达V100 GPU组成的高性能网络集群。2023年3月，微软又一次升级了这个超算平台，追加了上万张比A100还要强四五倍的英伟达最强芯片H100。

可以说，ChatGPT的超级算力主要来源于英伟达的A100和H100芯片，目前这两款芯片在全球具有不可替代性。

但无论是A100还是H100，都是对我国禁售的，更何况需要上万张的GPU卡。而OpenAI超算中心每天24小时都在持续运作，让GPT高速迭代。因为算力支撑的原因，会让GPT模型代差优势越拉越大。

（3）闭源的算法

如何训练大模型的原理虽然是公开的，而且OpenAI也给出了算法上的一条路径，但ChatGPT的底层代码是闭源的。只知道原理，想要复现ChatGPT是非常困难的，需要非常深的积累。就好像宫保鸡丁的制作方法到处都找得到，你却很难做出特级厨师的味道一样。

（4）AI的工程化

AI的工程化是指提供AI应用开发的系列方法、工具和实践集合，形成快速测试、构建和部署AI应用开发流水线，加速AI应用落地过程，实现模型自动重新训练和部署。

如果说算法、算力和数据解决了大模型"可用"的问题，那么工程化能力解决的是大模型"落地"的问题。

OpenAI的工程化能力是其最为核心的技术壁垒和优势。AI的工程化能力涉及两个方面：一是通过分布式训练提升计算效率，解决大模型大体量参数、复杂网络结构带来的内存、通信及计算瓶颈；二是实现模型开发过程的持续生产、持续交付和持续部署。

总结下来，从技术角度上看，ChatGPT因为有高质量的数据、强大的算力，还有领先算法及AI的工程化能力，因此要复现ChatGPT非常困难。

2.1.2　模型为中心

ChatGPT的到来，出现了一种模型即服务（model as a service，MaaS）的新商业模式。MaaS的本质是把模型作为重要的生产元素，今后所有的业务开发都围绕着模型为中心来展开。

（1）为什么会出现MaaS？

大模型的构建具有很高的复杂性和专业性，需要庞大的算力、数据、算法训练做支撑，是"有钱人的游戏"，只有超级大公司能做。

如果按照传统模式，B端甚至C端用户，构建自己的应用程序或者任务，需要自己训练模型，会花费大量的时间和资源，而且很难保证模型的质量和准确性。Maas会以一个通用的大模型为基础，通过API提供对外服务，这种服务可以在云端提供，其他应用程序只需要通过简单的API调用，就可以使用这些模型的功能。

我们可以把MaaS的服务分为两个阶段：一个是"基础教育阶段"，少数科技巨头通过大量投入，打造出一个通用大模型，对外开放这些模型的调用接口；第二阶段是"专业教育阶段"，众多垂直领域的用户，付费使用这些接口，在通用大模型的基础上，根据自身应用场景和业务需求，构建和部署自己的应用。

（2）新产业链

通用大模型可以看作AI的基础设施和底座，围绕着这个基础设施，产业链可以划分为三个层次。底层是通用大模型，如ChatGPT；中间层是行业大模型或者业务大模型，这类大模型或是与底层通用大模型厂商合作定制的，或是直接调用API的，或是大云厂商自研的；最上层是一系列应用型服务，基于通用大模型或行业大模型开发AI工具。

最底层的通用大模型由于本身壁垒极高，先发者又保有优势，相互竞争会非常激烈，最终只会剩下几家大厂。中间层的行业大模型或者业务大模型，主要是基于行业洞察，利用行业的数据开发或者调用通用大模型，为行业用户提供解决方案。高质量行业大模型是不可或缺的，也是AI商业化落地的基础。最上层的用户，核心是使用模型解决实际的问题。

这三个层次围绕模型全链路生命周期，从模型的生产到模型的查询，再到模型的使用，会形成一系列产品。

（3）MaaS的价值

如果将AI比作电力，那么大模型则相当于"发电机"，能将智能在更大的规模和范围上普及。大模型的智能能力在未来将成为一种公共基础资源，像电力或自来水一样随取随用。每个智能终端、每个APP（应用）、每个智能服务平台，都可以像接入电网一样，接入由IT基础设施组成的"智力"网络，让AI算法与技术能够更广泛地应用于各行各业。

如当初电网的变革一样，现在不需要再做模型了，而是利用已有的大模型，以一种服务方式提供给用户。

需要指出的是，基于大模型形成的大规模智能网络和云计算完全不同。

云计算尽管也将算力比作随取随用的资源，但目前仍然做不到像电力一样方便。这是因为云计算本质上需要云和用户进行双向的资源交换，用户需要经过烦琐的数据准备、定义计算过程等操作，将数据和算法转移到云端，再由云端完成任务后传回本地。

而基于大模型的大规模智能网络，则不需要用户定义计算过程，只需要准备好数据，大模型强大的能力能够在少量微调甚至不微调的

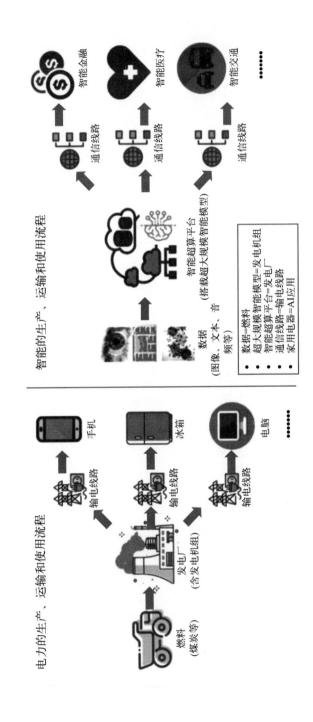

电力的生产、运输和使用流程

燃料
(煤炭等)

发电厂
(含发电机组)

输电线路

输电线路

输电线路

手机

冰箱

电脑

......

智能的生产、运输和使用流程

数据
(图像、文本、音频等)

智能超算平台
(搭载超大规模智能模型)

通信线路

通信线路

通信线路

智能金融

智能医疗

智能交通

......

- 数据=燃料
- 超大规模智能模型=发电厂
- 智能超算平台=输电厂
- 通信线路=输电线路
- 家用电器=AI应用

一本书读懂 ChatGPT

情况下直接完成用户所需的工作。这一智能能力生产和消费的网络，未来或将成为人类社会产业发展的主流模式。

大模型在能力泛化、技术融合、研发标准化程度高等方面的优势让其有能力支撑各式应用，使其成为AI技术及应用的新基座。正如发电厂和高速公路一样，大模型将成为各行各业应用AI技术的底座和创新的源头。

总之，MaaS模式将成为AI领域的重要接口，也将是AI时代最为核心的商业模式。

2.1.3 能聊到想聊

ChatGPT是一个大模型，更是一款的产品，自发布以来，其能力的全面性、回答的准确性、生成的流畅性、丰富的可玩性俘获了全球数以亿计的用户。从产品视角来看，ChatGPT回答了对用户有什么价值、好不好用、能不能被商业化这三大核心问题。

（1）对用户有价值 🤖

用户的价值可以简单地用公式"用户价值=新体验－旧体验－替换成本"来表示。现以满足用户"获取信息"需求为例进行相关分析。

信息获取的最典型渠道就是网络搜索引擎，搜索引擎的用户体验是"输入关键词，获取一系列结果"，这个体验背后也需要花费时间去逐条检视搜索结果，直到找到满意的答案为止；对ChatGPT来说，带来的新体验是"提出一个问题，获得一个答案，进一步提出问题，获得更精确的回答"。

相比于搜索引擎"输入关键词，获取一系列结果"的旧体验，ChatGPT带来了"一轮一轮对话获得答案"聊天式的对话新体验。或许ChatGPT的回答在客观上不一定正确，但是它的回答一步步逼近用户心目中满意的答案。

ChatGPT借助于强大的语言模型，直接"推理出"用户想要的答案是什么，在一次次给出答案之后，从用户反馈中又进一步训练和优化这个模型。在很多用户眼中，这种新的交互方式带来了更好、更新的体验，让模型有了"人的智慧"。

此外，也需要考虑用户从ChatGPT替换到搜索引擎的成本：第一是搜索引擎的结果在形式上会更加丰富，不仅有文字，还有图片和视频；第二是ChatGPT在某些问题上给出的答案可信度不高。

随着ChatGPT能力提升，这个替换成本会逐步地趋向于零，相比于搜索引擎，ChatGPT能够在更短的时间内让用户得到更满意的答案，在用户获取信息的过程中针对效率提升有巨大的价值。

（2）产品真好用

在确定产品能给用户带来价值后，需要进一步考量产品好不好用或者易不易用。在产品早期，用户所看重的更多的是这个产品能做什么，当产品进入到快速增长期之后，一个产品好不好用将会开始发生越来越重要的作用。

从用户使用上来说，ChatGPT提供的注册流程非常简单，采用手机、邮箱等账号，就能快速完成注册。使用界面上，ChatGPT就是一个聊天框，用户需要做的是与机器进行一轮一轮对话，然后每一期的对话会被存为一个话题，供用户在以后查阅记录。ChatGPT产品上手的成本几乎为零，交互方式非常简单。

好用和可用也来自于ChatGPT能够迅速地给出答案。ChatGPT创造的是一种聊天式对话的体验，针对用户响应时间，业内会遵循"2/5/10秒"的原则，即在2秒之内给用户响应被认为是"非常有吸引力"的用户体验，在5秒之内响应用户被认为是"比较不错"的用户体验，在10秒内给用户响应被认为是"糟糕"的用户体验，如果超过10秒还没有得到响应，那么大多用户会认为这次请求是失败的。

根据目前体验，给ChatGPT提出问题，基本能在5秒内做出响应，符合"2/5/10秒"的用户响应原则，个别问题甚至可以秒回，并且其给出答案的深度和广度，让人感觉"特别能聊"。

ChatGPT的好用，除了体现在ChatGPT回答的流畅性及语法的正确性，还包括回答内容的有用性、真实性和无害性。ChatGPT从GPT-3开始，团队就明确了有用的（helpful）、可信的（honest）、无害的（harmless）三大优化目标。从目前反馈，体验还是不错的。

ChatGPT成功地进入了公众视野之后，OpenAI已经开始了产品商业化。一方面，OpenAI围绕着MaaS积极构建产业生态；另一方面，OpenAI与微软深度合作，将这个技术带到更大的应用领域，创造出更多的满足不同场景需要的产品。针对商业化，会在之后章节进一步阐释。

在ChatGPT推出仅两个月后（2023年1月末），ChatGPT的月活用户已经突破了1亿，成为史上用户增长速度最快的消费级应用程序，平均每天大约有1300万个独立访客，是2022年12月的2倍之多。此外，根据World of Engineering整理的排名显示，达到全球1亿个用户，iTunes用了6年半、Twitter用了5年、Meta用了4年半、WhatsApp用了3年半，而ChatGPT仅用了2个月。

以上数据表明，从用户的视角，ChatGPT是一款跨时代意义的好产品，相比于之前的聊天机器人等，其所带来的用户价值及价值背后的用户体验，让ChatGPT直接跨过"尬聊"，从"能聊"进入到了"想聊"的阶段。

2.1.4 繁荣生态

大自然生态圈的存在是大自然持续繁荣的保障，同样的，企业要基业长青，也需要建立生态圈。进一步来看，当今商业世界的竞争，已经从企业与企业间的竞争，演化为生态圈与生态圈之间的竞争，你中有我、我中有你，生态圈之间、生态圈之内，既有优胜劣汰，又有竞合共赢。

（1）生态是护城河

这里举一个案例，说明科技巨头构建生态的意义及如何构建生态。

在个人计算机时代，微软用Windows操作系统定义了生态，Windows操作系统也成为了个人计算机的行业标准，几乎所有的应用程序和扩展硬件，都需要围绕Windows系统来构建。在智能手机时代，生态又被谷歌和苹果两大科技巨头所垄断。特别是苹果，构建了封闭的生态系统，形成了智能手机时代的超级平台，围绕这个平台的众多开发者，无论规模大小，无论是B端还是C端，都依赖于这个平台的养分，同时也给平台贡献营养。

苹果的生态是一步步形成的，首先是开发出iPhone、iMac、iPod、Apple TV、Apple Watch等爆款硬件产品，然后在硬件不断扩大市场份额的基础上，通过与硬件深度绑定的操作系统iOS，吸引广泛开发者，通过App Store开发出种类繁多的应用。

这些生长在苹果硬件、iOS、App Store上的应用、服务和产品，进一步吸引了更多用户的加入，久而久之，用户习惯养成，形成了黏性。用户持续使用苹果的产品和服务，又进一步吸引了更多的开发者在苹果的iOS、App Store上通过开发更好的应用和服务来盈利，最终就构建起了苹果的生态。

苹果通过生态，把开发、营销、制造、渠道等费用都降到了行业最低，也让苹果获得了全球手机行业超七成的利润。

从以上案例可以看到，构建生态是当今科技巨头实现基业长青的不二法门，也可以看到，要构建生态，必须满足两个条件：第一是创造一个平台，以服务、工具或技术等形式，为生态系统中的其他成员赋能；第二是生态系统创造的价值及利益，需要在整个系统中共享。

（2）插件系统

ChatGPT插件系统是一种让ChatGPT能够访问最新信息、运行计算或使用第三方服务的工具，它以安全为核心原则，可以扩展ChatGPT的功能和用途。

通过插件系统，至少可以实现以下三个目标。

第一是提升用户体验和黏性。ChatGPT插件系统可以让用户通过ChatGPT来完成各种各样的任务，而不需要到多个APP之间来回切换，这极大地提高了用户的便利性和效率。同时，ChatGPT插件系统可以让用户享受到更多的趣味性和创造性，也可以根据用户的需求和偏好，提供更个性化和定制化的服务。这些可以持续吸引更多用户，也能进一步提升用户对ChatGPT的黏性，形成用户的使用习惯。

第二是打造平台化的生态。ChatGPT插件系统可以让不同的企业和开发者借助大模型的能力，为自己的用户提供更多的服务和选择。ChatGPT也成为了这些企业和开发者的"操作系统"或者"基础设施"，为它们赋能。这也意味着，ChatGPT自身可以连接到更多的行业和领域，拓展出更多的功能和用途，形成一个开放的AI生态平台，实现更多的价值和创新。

第三是建立开发框架和标准。通过与第三方服务和数据源进行交互，ChatGPT能获取最新、更准确的信息、计算或服务，同时也可以利用其他专业领域的知识和技术，扩展自身的能力和范围。在这个过程中，ChatGPT插件系统也推动了第三方开发者不断优化自己的技术和产品，以适应ChatGPT自身的要求和规范，并最终形成开发习惯（今后很难迁移到其他平台）。由此，ChatGPT可以在技术上保持领先优势，甚至是在行业中树立标准和权威。

虽然ChatGPT插件系统目前仍处于测试阶段，但插件系统的上线，将如同早期苹果开放App Store一般，OpenAI正在悄然建立起自己的AI生态。

（3）插件一览

目前，已有多家公司和组织开发了各种ChatGPT插件，涵盖了实时信息检索、订机票、在线点餐、交通导航、企业办公、流程优化、内容生成、图文跨模态处理、知识检索和问答、语言学习和翻译、产品营销和推荐、行业垂直应用等领域，以下是一些例子。

① 搜索和检索类插件，可以让ChatGPT访问互联网上的信息，或者从特定的知识库中获取数据。

• ChatGPT for Google：这个插件可以在Google、Bing、DuckDuckGo等搜索引擎中显示ChatGPT的回答，还可以直接与ChatGPT聊天。

• Web浏览插件：这个插件可以让ChatGPT使用New Bing的API来搜索网页，并返回相关的内容。

• Retrieval插件：这个插件是OpenAI开源的一个示例代码，可以让ChatGPT从个人或组织的文档中进行语义搜索和检索。

② 购物和旅游类插件，可以让ChatGPT帮助用户进行在线购物、预订酒店、查询机票等。

· Expedia插件：这个插件可以让ChatGPT帮助用户规划旅行，包括交通、住宿、景点等。

· Instacart插件：这个插件可以让ChatGPT帮助用户从当地的杂货店订购商品。

· KAYAK插件：这个插件可以让ChatGPT帮助用户搜索航班、酒店和租车信息，并给出预算内的推荐。

· Klarna Shopping插件：这个插件可以让ChatGPT帮助用户在数千个在线商店中搜索和比较价格。

· OpenTable插件：这个插件可以让ChatGPT帮助用户搜索和预订餐厅。

· Shop插件：这个插件可以让ChatGPT帮助用户在世界上最好的品牌中搜索数百万种产品。

③ 教育和学习类插件，可以让ChatGPT帮助用户学习新的知识和技能，或者提供教学辅助。

· FiscalNote插件：这个插件可以让ChatGPT提供和使用法律、政治和监管方面的实时数据集。

· Speak插件：这个插件可以让ChatGPT充当用户的语言老师，教用户如何用另一种语言说任何事情。

· Wolfram插件：这个插件可以让ChatGPT使用Wolfram语言来进行计算、数学、知识库和实时数据的访问。

④ 生活和工作类插件，可以让ChatGPT帮助用户处理日常事务、优化工作流程、提供便利服务等。

· Shopify插件：这个插件可以让ChatGPT帮助用户创建和管理自己的在线商店。

· Slack插件：让用户与用户的团队进行沟通和协作。

⑤ 娱乐和游戏类插件，可以让ChatGPT帮助用户增加趣味性、

互动性、创造性等，提高娱乐体验和游戏感。

• ChatGPT Writer 插件：这个插件可以在 Gmail 中帮助用户快速生成电子邮件，只需要简单描述一下内容，然后单击"生成"按钮即可。

• ChatGPT Optimizer 插件：这个插件可以让 ChatGPT 帮助用户优化自己的 AI 工作流程，提供各种提示和建议。

• ChatGPT Assistant 插件：这个插件可以让 ChatGPT 在任何网站上为用户提供智能助手，回答问题、执行任务、提供服务等。

• ChatHub 插件：这个插件可以让用户在一个界面上与多个聊天机器人进行交互，包括 ChatGPT、Dialogflow、Rasa 等。

• ChatGPT for Email 插件：这个插件可以让 ChatGPT 帮助用户管理自己的电子邮件，自动回复、归档、删除等。

⑥ 科学和技术类插件，可以让 ChatGPT 帮助用户进行科学实验、技术创新、问题解决等，提高科学探索和技术发展的能力。

• 代码解释器插件：这个插件可以让 ChatGPT 运行和解释不同编程语言的代码，并返回结果或错误信息。

• WebChatGPT 插件：这个插件可以让 ChatGPT 访问互联网上的任何资源，并返回结果或错误信息。

• Enhanced ChatGPT 插件：这个插件可以让 ChatGPT 使用更多的功能和参数，提高回答的质量和效率。

• Summarize 插件：这个插件可以让 ChatGPT 对网页或文本进行摘要或总结，并返回结果或错误信息。

• ReaderGPT 插件：这个插件可以让 ChatGPT 对网页进行阅读和理解，并返回结果或错误信息。

（4）未来展望

可以预见，OpenAI 会逐步放开插件系统的权限，插件系统会更加开放、友好、灵活、低成本及安全，同时可能也会以社区形式，向广大开发者们提供丰富、完善及易用的开发工具和课程指导。

开发者和用户自由地创建、发布和使用各种插件，插件系统可以通过收取插件使用费、广告费、分成费等方式来盈利，也可以让用户通过订阅的方式来获取更多的插件和功能，企业或机构根据自己的需求和场景来定制专属的插件和功能。在这个过程中，不断有新的成员加入，同时不合格的成员会被替换，整个生态保持生命力。

大模型是基础设施和底座，而插件系统类似于个人计算机时代的Windows或者智能手机时代的iOS、Apple Store，将有望成为全球又一个规模庞大的生态。围绕着ChatGPT的插件系统，也有可能也会诞生新的科技巨头。

2.1.5　最复杂的软件系统

OpenAI联合创始人及CEO Sam Altman曾经提到，GPT-4是人类迄今为止最复杂的软件系统。这里从复杂系统的视角，来分析大模型带来的启示和影响。

（1）复杂适应系统

1972年，著名的凝聚态物理学家：诺贝尔奖得主Philip Anderson在Science上发表了一篇影响深远的文章More is Different，文章中提出了复杂系统都存在着"涌现"的特征。该文指出，"Emergence is when quantitative changes in a system result in qualitative changes in behavior"，即"系统定量上的变化可以导致系统行为上的定性变化，这就是涌现"。

用亚里士多德的话来解释，就是"整体大于部分之和"，也类似于我国道家学说中"道生一，一生二，二生三，三生万物"的特点，整体系统展现出了构成它的个体所不具备的新特性。

1973年，加拿大生态学家克劳福德·霍林（John Holland）创建了一门全新的理论，该理论被称为"复杂适应系统"（complex adaptive systems，CAS）。

复杂适应系统表现出了非线性、涌现、自组织等共性，能够灵活地随环境的变化而改变，包括人脑、免疫系统、生态系统、细胞、胚胎、蚁群等等都可以成为复杂适应系统。

ChatGPT这样的AI大模型，是一个非常典型的复杂适应系统。

（2）GPT的复杂性

ChatGPT包括集群建设和上线、数据准备、模型预训练、下游任务微调整、模型转换和优化、模型部署、插件系统开发等环节，每一个环节都涉及了方方面面的内容。

从结构上看，ChatGPT是一个具有深度层级结构的超大的神经网络，数量巨大的神经元是其基本组成单元，这些神经元彼此之间相互连接，形成了一种自发演化的复杂网络。

从动力学角度看，每个神经元激活状态是神经网络在执行前馈运算的过程，而Transformer的自注意力机制，又使神经网络在前向动力学中加入了一个反作用动作。一个是小时间尺度上的前馈过程，另一个则是更大时间尺度上的反馈训练过程，这样两种时间尺度的协调与配合使神经网络展现出极强的适应性能力。

从宏观表现看，LLM具有像生物群落、自由市场、城市这样的复杂系统所具备的适应学习能力。大脑也是一个典型的例子，不断的学习重塑着大脑的神经元网络，让大脑可以适应新的任务。即使有剧烈的干扰，如失明让负责视觉的脑区不再起作用，但它也能很快地延展其他脑区，充分利用原本的视觉脑区，所以失明的人听觉一般都比较灵敏。

（3）Lehman定律

软件工程师Meir M. Lehman曾提出了软件系统演化的八个重要原则，被称为Lehman定律。

原则一：软件系统必然会随时间而变得越来越复杂。

这意味着，随着时间的推移，软件系统的复杂性会逐渐增加，而不是减少。软件系统的复杂性主要是由需求的不断增加、功能的添加和修改，以及代码的累积和变化等因素导致的。

原则二：软件系统必须不断地进行演化，以维持其有效性。

这意味着，软件系统需要不断地进行维护和改进，以适应环境的变化和用户的需求。如果软件系统不进行持续的演化，系统将逐渐变得过时，难以维护和使用。

原则三：软件系统的演化速度逐渐减缓。

这意味着，在软件系统的生命周期中，系统的演化速度会逐渐减慢。随着时间的推移，改变和添加新功能所需的工作量和风险会增加。

原则四：软件系统的复杂性增加的速度超过软件系统的功能增加的速度。

这意味着，即使没有新功能的添加，软件系统的复杂性也会随时间推移而增加。

原则五：维护软件系统所需的人力资源随时间推移而增加。

这意味着，随着软件系统的演化，为了维护和改进系统，所需的人力资源和成本也会逐渐增加。

原则六：软件系统的稳定性随时间推移而降低。

这意味着，软件系统在演化过程中会变得越来越不稳定。这是因为每次对软件系统进行更改或添加新功能时，可能会引入新的错误或问题。

原则七：大部分软件系统的进化都是自发的。

这意味着，软件系统的演化通常是自发的，而非计划的。这是因为在软件开发和维护过程中，无法预见和控制所有可能的变化和需求。

原则八：软件系统的进化是一个自我调节的过程。

这意味着，软件系统会通过反馈机制和自适应性来适应变化和调整自身。

Lehman定律指出了软件复杂性、不确定性和不断变化的本质，对于我们理解ChatGPT这样的软件系统非常有价值，也为其可能带来的挑战提供了一些指导原则。

（4）启示

站在系统的视角看待ChatGPT这样的大模型，能帮助我们从整体的角度理解AI大模型的工作基础，特别是针对涌现等现象进行深层理解，另一方面也可以帮助我们为更好地改进模型提供洞察和帮助。除此之外，这些理论工具也有助于我们构造可解释型的AI模型。

著名物理学家史蒂芬·霍金曾经说，"21世纪将是复杂性科学的世纪"。以大模型进行类比，复杂适应系统也让我们用一种全新的方式来思考人与自然世界的关系，而大模型的出现，也给人类提供了一个研究复杂适应系统的对象，可能会从中提炼出一般性的普适规律。

2.2
ChatGPT有哪些底层改变?

2.2.1 人机交互的革命

交互,从字面理解就是交流和互动。交互不仅局限于人与人之间,还可以发生在人与机器、人与环境、机器与环境之间。人与人之间可以通过语言、动作、表情等进行交互,但在计算机问世以后,人与机器之间如何交流和互动一直都是一个难题。计算机的发展历史,可以看作是人机交互的发展历史,也是人与计算机交互沟通效率提升的发展历史。从人机交互的视角看待ChatGPT,可以给我们带来更多新的思考。

(1)发展历程

1946年第一台计算机投入使用的时候,人与机器通过穿孔纸带交互,在穿孔纸带上,一排孔表示一个字符,穿孔和不穿孔分别表示0和1。可想而知,这种交互方式的效率非常低。到了20世纪60年代中期,来自打字机的灵感,帮助人们发明了键盘,在键盘的基础上,命令行界面(command-line interface,CLI)开始投入使用,使用者可以通过键盘直接输入程序并在显示器上获得反馈。"键盘+显示器"成为了人机交互的基本模式,一直沿用到今天。

相比于穿孔纸带的交互,命令行界面交互在效率上有了很大提升,但是,这种交互方式需要掌握各种复杂的操作命令,非常依赖受过专门训练的技术人员才能完成。

在此背景下,人机交互突破了文本语言局限,逐步进入了更高效的视觉形象阶段,即图形用户界面(graphic user interface,GUI)。GUI在硬件上依赖鼠标的直接操控,在软件上依靠Windows操作系统带来的图形化直观呈现。相比于CLI,GUI的交互效率有了本质提升,也让个人计算机开始普及。

2007年iPhone的出现，引入了基于屏幕的多点触控的交互方式，由此带来了第三次人机交互的变革，普通大众只需要学习简单的手指点按、滑动、压感，便可以将计算机握在手中、随时可用。触控的交互方式让智能手机取代了个人计算机并成为了人机交互的主流。

触控之所以能成为主流，是因为更符合人的直觉，因为人类生来就是用手指探索一切，但人与人之间交互的本质还是基于自然语言的会话式交互模式，这才是交互最自然的方式，而且不需要学习。

（2）新的时代

人与计算机间会话式交互技术已经发展了多年，但依然受限于以下三个瓶颈：在语言理解方面，由于人类自然语言的复杂性，计算机无法理解用户的意图，更多是"记录"语言，但没有"理解"语言；在语言处理方面，计算机无法承载"记忆"，无法应对人类之间交流时的文本缺失现象，实现对语言"默契"的解码；在语言表达方面，计算机多为文本或数据化的呈现，缺乏语言背后的情感、文化、社会因素等。

ChatGPT一经推出，便与之前的AI对话（如智能音箱等）显著区别开来，主要表现在以下两个方面。

第一，ChatGPT具有了"类人化"会话方式。"类人化"主要表现在机器人能够理解上下文，并在无须重复相关要素的情况下给出用户想要的答案"类人化"会话方式解决了上文提到的在语言理解和语言处理上的两个瓶颈。

之前AI可以对人类发出的单个指令进行快速识别，但无法将多个连续的指令关联起来，ChatGPT提供了多窗口会话模式，从聊天的第一句起，ChatGPT就能够将问题中的各种要素进行关联，建立新会话语境，即使在问及多个问题之后，ChatGPT仍能对前面的问题作出关联性回答。用户与ChatGPT对话，就像是与朋友聊天，让用户感受不到机器属性的存在，这是人工智能进一步拟人化的突破。

第二，ChatGPT凸显了"自我意识"。ChatGPT的反应模式与交流方式无不体现着人类的价值与思维，ChatGPT能够通过模仿人的语气进行某些劝说和引导，也会在面对复杂任务时试图拒绝人类。

虽然这只是人类赋予其的"伪意识"，但足以让用户产生交流对话的兴趣。

在人类情感、文化、社会因素反馈的加持下，ChatGPT可以表现出很强的自我主体性。ChatGPT毫不掩饰自己作为机器的身份，但它会拒绝、引导人类，这种"类人化"的思考模式使其不会像传统聊天机器人那样做出机械的整合式推送，而是会依据一系列的价值参考进行自我判断，最终呈现出较为"确切"的答案。

搭载LLM的ChatGPT很大程度上摆脱了生硬的机器属性，促使AI时代的人机会话模式逐渐向人类自然语言靠拢，并能够衍生出更高维度的情感交流。

"类人化"的会话方式再加上"自我意识"，让计算机脱离了机器属性转而向人类属性进一步升级，也带来了人机交互的又一次变革。

（3）关系改变

在之前的人机交互语境中，人类往往掌握着绝对的控制权，计算机只能服从人类的指令，其表层化的沟通会让用户觉得它只是一个机器，很难产生真正意义上的双向交流。

随着ChatGPT出现，计算机已不再是一种中介或工具，因为具备"类人化"特征和"自我意识"，在与人类的互动过程中计算机会获得话语权，人机交互模式将从传统的单向的、被动式控制走向人与智能机器平等对话的新样态，由此人与机器的关系也将会发生重构。

人类的社会属性本质是通过人与人互动过程中塑造的，随着机器在互动中的话语权越来越大，机器也会逐步出现社会化属性。

在认知层面，ChatGPT的学习样本已经扩大到整个人类社会范围；在价值观层面，通过人类反馈，机器通过对社会纲常伦理、价值常识的学习，其内在价值观也逐步与人类趋向一致；在行动层面，人类的行动会逐渐以AI的方案为指引，AI高度习得人类的知识、情感、价值，将直接替代人类做出相关决策与反应。

从人机交互的变革，进一步带来人机关系的变化，ChatGPT带来哪些影响，值得我们深思，会在最后一章再次进行探讨。

2.2.2　通用目的技术

人类技术进步是经济增长的源泉，而长期的经济增长往往是由少数几种关键技术所推动的，这种技术被经济学家称为"通用目的技术"（general purpose technologies，GPT）。通用目的技术的英文缩写与ChatGPT相似，这种巧合也是非常有意思的。

（1）历史上的24种通用目的技术

尽管人类历史上技术发明众多，但能被称为通用目的技术的却少之又少。加拿大经济学家理查德·利普西（Richard Lipsey）等对历史上的通用目的技术进行过专门的研究，在他们看来，从公元前9000年至今，只有24种技术可以称为通用目的技术。

在2005年出版的《经济转型：通用目的技术和长期经济增长》一书中，理查德·利普西罗列了24种通用目的技术，包括产品类14项（轮子、青铜、铁、水车、三桅帆船、铁路、铁轮船、内燃机、蒸汽机、电力、机动车、飞机、计算机、互联网），流程类7项（植物驯化、动物驯养、矿石冶炼、写作、印刷、生物技术、纳米技术），组织类3项（工厂体系、批量生产或连续过程或工厂、精益生产）。具体见表2.1。

表2.1　历史上的通用目的技术

编号	GPT	时间	分类1	分类2
1	植物驯化	公元前9000—8000年	流程型技术	材料技术
2	动物驯养	公元前8500—7500年	流程型技术	材料技术、能源技术、交通技术
3	矿石冶炼	公元前8000—7000年	流程型技术	材料技术
4	轮子	公元前4000—3000年	产品型技术	工具、交通技术
5	写作	公元前3400—3200年	流程型技术	信息和通信技术
6	青铜	公元前2800年	产品型技术	材料技术
7	铁	公元前1200年	产品型技术	材料技术
8	水车	中世纪早期	产品型技术	能源技术
9	三桅帆船	15世纪	产品型技术	交通技术

编号	GPT	时间	分类1	分类2
10	印刷术	16世纪	流程型技术	信息和通信技术
11	蒸汽机	18世纪晚期到19世纪早期	产品型技术	能源技术
12	工厂体系	18世纪晚期到20世纪早期	组织型技术	组织技术
13	铁路	19世纪中期	产品型技术	交通技术
14	铁轮船	19世纪中期	产品型技术	交通技术
15	内燃机	19世纪晚期	产品型技术	能源技术
16	电力	19世纪晚期	产品型技术	能源技术
17	机动车	20世纪	产品型技术	交通技术
18	飞机	20世纪	产品型技术	交通技术
19	批量生产或连续过程或工厂	20世纪	组织型技术	组织技术
20	计算机	20世纪	产品型技术	信息和通信技术
21	精益生产	20世纪	组织型技术	组织技术
22	互联网	20世纪	产品型技术	信息和通信技术
23	生物技术	20世纪	流程型技术	材料技术
24	纳米技术	21世纪的某个时点	流程型技术	材料技术

其中的每一项技术及其衍生技术，都对人类的生活方式产生了彻底的颠覆和改变，蒸汽机开启了工业文明、互联网开启了信息时代、精益生产提高了生产效率……

（2）基本特征

斯坦福大学的蒂莫西·F.布雷斯纳汉（Timothy F.Bresnahan）和特拉维夫大学的曼努埃尔·特赖滕贝格（Manuel Trajtenberg）认为，作为人类经济"增长的引擎"的通用目的技术有三个基本特性。

第一是普遍适用性，即它能广泛应用到大多数行业；第二是动态演进性，即随着时间的推移，该技术能不断得到改进，使用成本不断降低；第三是创新互补性，它提高了应用部门的研发生产率，这反过来促进了该技术自身的进步。

需要指出的是，由于通用目的技术是长周期的，通用目的技术刚出现时，并不会马上对生产效率的提升产生明显效果，只有当基础设施建设及与相关具体应用的数量还有普及程度到一定阶段之后，通用目的技术才会显现出巨大的影响力。

以电力为例，在电气化技术被发明之初，其对美国经济的影响微乎其微。但到了19世纪90年代，以尼亚加拉水电站为代表的一批重要电力设施建立起来后，电气化对美国经济的提升作用就开始得以体现。到了1915年之后，电力网络在美国逐步普及，独立发电器开始得到广泛应用，电气化对生产率的影响才随之变得明显。

回过头来看，目前的ChatGPT基于模型为中心的商业模式，通过插件打造生态，能广泛覆盖到大多数行业，满足了普遍适用性特征；从GPT-1到GPT-4，再到未来的GPT-N，ChatGPT背后的大模型参数量、数据等不断在迭代，成本也逐步降低（之后章节探讨），满足了动态演进性的特征；ChatGPT大模型构建的数据飞轮，本质就是通过应用端的不断反馈来改善模型的性能，所以也满足了创新互补性的特征。

因此，到目前为止，已表态的产业界领袖和社会精英们大多将ChatGPT认定为人类新的通用目的技术。

（3）颠覆性影响

通用目的技术在促进生产效率提升的同时，会对现有的经济秩序造成颠覆性的影响，主要表现在以下三个方面。

第一，会改变市场竞争格局。当一种新技术出现时，因为"创新者的窘境"，一些固守旧技术的大企业可能会没落，而率先采用新技术的小企业可能趁势兴起，大企业也可能会采用各种不正当的竞争手段来阻碍新型的企业超越自己。也就是说，在GPT迅速扩展的同时，可能会发生比较严重的垄断和不正当的竞争问题。

第二，会改变就业形势。新技术的发明和扩散会对既有工作方式产生重大冲击，一方面会让很多采用旧技术的人失去工作，另一方面又会产生很多新的就业，进一步会对人才结构产生显著影响。

第三，会改变收入分配。因为企业竞争格局及人才结构的变化，新技术会导致收入分配的改变，率先占据技术制高点的小企业很有可能在产品链中分配到更高的价值，同时具备某些技能或者率先培养出能匹配新技术的能力的人才会获得更多的收益。

人类的近代史，就是一部不断突破边界的技术进化史，每个时代都有通用目的技术，找到了通用目的技术，就把握了时代发展技术的底层逻辑。ChatGPT作为一项潜在的通用目的技术，对未来经济社会的贡献及影响非常值得期待。

2.2.3 科技平权的"制器之器"

人类社会的进步由通用目的技术驱动，因为通用目的技术是为了实现大众化的科技平权，当每个人都能享受到科技带来的优势，并利用科技这种工具，进一步创造出丰富的物质和精神财富，才能推动社会的进步。ChatGPT是AI时代的"制器之器"，是一种可获得性强的、极其易用的、门槛极低的工具，因为这种工具的普及，提升了内容产出的效率，让产出更加丰富。本节从生产力的视角，分析ChatGPT可能带来的影响。

（1）两次大解放

铁器和蒸汽机是人类农业时代和工业时代最重要的两种"工具"，它们的发明影响深远，最终推动了人类社会的进步。

公元2500年前，铁器的发明使人类不再依赖于大自然施舍，能够大规模种植粮食，开采和加工各种矿石，制造出更加耐用的工具和武器，这是人类生产力的第一次解放。铁器作为一种工具，推动了农业和手工业发展，进一步促进了城市的形成和贸易的繁荣，城市和贸易的兴起促进了社会分工的发展和劳动力的流动，推动了社会结构的变化。

到了18世纪，蒸汽机的发明开创了浩浩荡荡的工业文明，这是人类生产力的第二次解放。蒸汽机的出现使人类能够大规模地进行机械化生产，并且实现了能源的规模化生产和利用，90%的农民从脸朝黄土背朝天的土地上解放出来，转移到了工业流水线上。蒸汽机的应用进一步推动了交通及通信的发展，并改变了人们的生活方式。相比于农业时代，工业时代人均GDP（gross domestic product，国内生产总值）创造至少提升了10倍。

类似于农业时代的铁器和工业时代的蒸汽机，ChatGPT可能更像是AI时代的生产工具，它将带来人类生产力的第三次解放，人均GDP可能又将超过工业时代的10倍、农业时代的100倍。这种改变背后的核心是ChatGPT推动了供给端革命。

（2）供给端革命

继农业时代和工业时代后，在AI时代，内容是人们生产和消费的主要产品，而互联网是连接人类社会的媒介。

伴随着互联网经历Web1.0、Web2.0、Web3.0、元宇宙时代，内容生产方式出现了PGC（professional generated content，专业生成内容）、UGC（user generated content，用户生成内容）和AIGC（artificial intelligence generated content，人工智能生成内容）。

20世纪90年代，互联网刚刚兴起，即Web1.0时代，这时的互联网是静态互联网，用户在网上浏览和读取信息，内容创建与发布掌握在极少数"专家"手中。"专家"根据用户需求创造内容，借助于内容原创和高价值赚取收益，随着版权作品、在线课程、知识付费等商业模式的建立，促使了PGC概念的形成。直至今日，这种最早出现的互联网内容生产方式依然陪伴在我们左右。

PGC虽然具有高质量、易变现、针对性强等优势，但这类内容的创作门槛高、制作周期长，由此带来了产量不足、多样性有限等问题。

21世纪初，伴随着用户对内容多样化和个性化的需求，社交媒体的出现让互联网进入了Web2.0时代。这时的互联网是移动互联网或者平台互联网，用户不仅是内容的消费者，也是内容的创作者，非专业人士也可以创作出大众喜欢的内容，这也让互联网迎来了UGC时代。

UGC虽然创作的内容极其丰富，但存在着内容质量参差不齐、单个创作者创作效率不高等问题，同时平台方也需要投入大量精力和成本去进行创作者教育、内容审核、版权把控等工作。

如果把GPT和插件看作是AI时代的IOS和App Store，那么在GPT生态下，AI生产和创造的能力会进一步普惠到每一个人。结合人自身的想象力、创造力，再加上AI的专业知识，UGC和PGC之间的专业壁垒会被打破，人人都可以成为程序员、画家、作家、摄影师……内容创作队伍又将扩大，出现了AIGC。

每个人、每个公司都可以搭建一个创作新铁三角，供给端的规模效应使其生产边际成本趋向于零。PGC—UGC—AIGC将会形成指数级飞轮效应，让人均产出GDP又将增加十倍、百倍甚至万倍，专家、用户和AI一起，合围成一股力量，掀起一场供给端革命。

供给端内容的丰富多元和产出的高效，会催生真正意义上的互联网Web 3.0甚至是元宇宙时代的到来。在这个时代里，会看到很多领域新的AI大模型，这也进一步催生了很多行业新的垂直应用开发。

（3）社会深刻变革

作为AI时代的"制器之器"，ChatGPT带来了科技平权，科技平权带了知识平权，知识平权打破了固有的社会阶级、地理位置、信息壁垒及市场垄断，让每个普通人都有公平的机会去获取、使用和创造内容。ChatGPT将带来人类生产力的第三次解放，在农业和工业之后，开启一个新的时代。

变革虽在快速演进，但其影响或许并不会显而易见。或许将来有一天，会以涌现的方式呈现在我们面前。如果我们认同这个趋势，就应该回到当下，做好万全准备去使用这个工具。作为人类历史漫漫长河中的一员，非常有幸和期待这一伟大的变革的到来。

2.3
ChatGPT带来了哪些影响？

ChatGPT在人机交互（行业）、通用目的技术（技术）、工具（生产力）等方面带来了底层改变，因为这些改变ChatGPT几乎会对所有领域、所有层次产生重大影响，从产业格局到企业业务，从组织构建到个人赋能，全球资本疯狂地涌入，催生了相关大模型及生成式人工智能的创业浪潮。

无论是普通的打工人，还是独立的创业者，或者是大型企业的管理者、决策者，把握ChatGPT带来的影响，并且尝试分析影响背后带来的价值，能够帮助其拿到一张通向未来的船票。

2.3.1　重塑产业格局

AI领域过去的十年是深度学习的十年，但在产业维度上，并没有出现类似于移动互联网级别的大爆发。ChatGPT的初步突破，正在重构移动互联网的产品形态，并促进教育业、医疗业、汽车业、金融业、消费业、媒体业、服务业和制造业等众多产业的升级和商业模式的变革，最终可能演化为AI乃至整个信息产业带来的革命。

（1）三个层级

按照产业分工和竞争态势，整个产业会逐步演进为三个层级，分别为基础设施层、模型层和应用层。

基础设施层提供算力支撑和计算资源，核心是AI训练集群，包括了GPU等计算芯片、存储系统、高速互联网、云等设备，也包括了用于大模型训练、推理和部署的工具链；模型层包含两类模型，一类是科技巨头打造的输出"水电"通用大模型，如ChatGPT，另外一类是数量众多的针对特定行业或场景的行业大模型或业务大模型，大模型通过插件等提供服务；应用层提供针对各个行业的海量应用，并且提供数据支撑。

（2）企业内卷

当下整个产业格局还在塑造中，各个层级间的分界线还不明显，每个层级之间也充斥着大量新的和旧的玩家。

OpenAI率先推出了ChatGPT大模型，在模型层占据了比较好的位置，随之而来的是谷歌等科技巨头的反击，紧跟着是众多科技巨头积极布局行业大模型；底层的芯片厂商如英伟达，凭借GPU的稀缺性，正在加速"清场"，同时也在继续强化赋能元宇宙与大模型工厂的云平台；原先的云巨头也在研发通用大模型，服务于自身业务，也对外开放 API；腾讯、百度、阿里，要把每个层级、每个产品都重做一遍，与此同时，这些巨头还在开发自己的芯片，谷歌有了 TPU，微软则是雅典娜（Athena）；最上层生成式 AI 的企业更是百花齐放。

科技巨头、行业龙头和初创公司，这些企业如火如荼地创新，在重塑产业格局的同时，也为产业发展带来了无限活力。面对这些变革，不管是技术的守成者、创新者还是采纳者，业务模式都将发生变化，不论是主动还是被动，企业都被卷入其中。

（3）无限可能

随着 ChatGPT 的飞速发展，它已在多个领域催生出了全新的价值，尽管当前大模型还处于扩展阶段，但已经可以看到第一批跨功能应用开始出现，在金融、零售、政府、制造、物流、地产、教育等多个行业，以及市场、财务、人力、客服等多个业务领域，展现出了出色的能力。

根据麦肯锡的统计，类 ChatGPT 的生成式人工智能已经率先在零售、快消、银行、医药等行业渗。保守估计，ChatGPT 会为零售及快消行业每年额外带来1.2%～2%营收（约4000亿～6000亿美金），为银行业每年额外带来2.8%～4.7%营收（约2000亿～3400亿美金），为医药行业每年额外带来2.6%～4.5%营收（约600亿～1100亿美金）。

可以肯定的是，各行各业都将迅速整合大模型的能力，创造全新的商业价值，与其他颠覆性技术一样，这种变革一开始会缓慢发展，然后迅速推进。

从产业视角看，围绕 ChatGPT 的产业格局仍在塑造中，科技巨头正忙于研发通用大模型，尚未顾及具体的应用场景。而因为 ChatGPT 带来的科技平权，那些对垂直行业有深刻理解且积累了行业数据的应用公司还有大量机会，而对于那些专注于创意服务小而美的公司甚至是个体来说，大量天才般的创意也有了落地可能性，而且不会再被大厂垄断。各个垂直行业、垂直应用都充满着无限可能，大家都有机会、都会获益。

2.3.2 端到端赋能

从产业进一步聚焦企业，ChatGPT几乎会对所有职能领域及业务板块产生影响，包括采购、战略、人力、财务、制造、合规、供应链、法务等，跨越了整个企业组织。特别地，与交互、自然语言强关联的客户运营、市场和销售、软件工程、研发四个业务板块受到的影响最大、最为直接，当前已经且正在发生。

（1）客户运营

ChatGPT可能会彻底改变客户运营的模式。根据麦肯锡的统计，在一家拥有5000名客服员工的公司，ChatGPT可以使客户问题的解决提高14%，处理问题的时间减少9%。最重要的是，ChatGPT能够帮助经验不足的客服提高服务质量。

进一步来看，ChatGPT可以减少人工服务的介入量，人工介入越低，意味着成本也越低，或者ChatGPT可以大幅提高企业应对客户咨询及解决问题的能力。因为ChatGPT的应用，计算机可以处理以前只能由人工客服介入才能解决的问题，针对复杂咨询或者棘手的问题，ChatGPT可以给予更加个性化的互动和回应。

作为一种工具，ChatGPT可以基于特定客户的历史数据，快速定位客户痛点和问题来源，根据客户需求定制解决方案，从而帮助企业提升在初次咨询中就能成功解决问题的概率，让问题尽可能在前端解决。这既提升了客户体验，也降低了企业成本。

此外，ChatGPT可以从客户对话中自动搜集并分析数据，转换为满意度等指标，并以此对人工客服进行辅导，包括更深刻理解客户的背景和需求，确定哪些方面可以做得更好，进一步改善客户运营体验。

（2）市场和销售

ChatGPT应用已经在市场和销售领域迅速普及，大模型可根据客户的个人兴趣、偏好和行为定制个性化信息，并快速完成诸如品牌广告、标题、社交媒体帖子和产品描述等市场营销任务，以更低的成本提高客户转化率及留存率。

在营销内容构建方面，ChatGPT背后的生成式人工智能可以大大减少构思和起草市场营销内容所需的时间，不同部门通过ChatGPT统一协作，确保产出的品牌声音、写作风格和内容样式在整体上保持一致。在此基础上，ChatGPT根据用户的个人偏好、行为倾向和购买历史等，帮助生成更加个性化的产品描述，还可根据需要即时翻译成多种语言，并根据受众的不同提供不同的产品图像和视频等信息。

在市场产品规划方面，ChatGPT背后的大模型可以从社交媒体、新闻、学术研究等不同来源的非结构化数据中，识别和综合出客户需求趋势、核心购买要素等。综合客户反馈（同样可来自于ChatGPT），可以帮助市场和营销人员识别出新的市场机会，帮助企业下游改善和优化产品。

在产品销售方面，ChatGPT可以从市场洞察、客户反馈等各种数据中识别销售线索，确定销售优先级，也可以进一步发现新的潜在客户。销售人员因此节省下来的时间可以投入到更高质量的客户留存中（同样基于ChatGPT建议），从而提高产品营收。

根据麦肯锡统计，在市场和销售领域，ChatGPT可以提高5%～15%的效率。

（3）软件工程

对大多数公司来说，软件工程是非常重要的，并且随着越来越多的公司将软件嵌入到广泛的产品和服务中，软件工程的投入也在水涨船高，相关投入可能会占到一家公司20%～45%的年度支出。

软件工程引入ChatGPT之后，带来的价值会非常明显，主要价值来源是大幅减少软件工程相关活动的时间，包括生成初始代码草稿、代码修正和重构、错误原因分析、生成新架构。软件工程师还可以直接训练LLM开发应用程序，省去中间费时耗力的环节。

麦肯锡内部对软件工程团队的实证研究发现，那些接受过使用生成式人工智能工具培训的软件工程师，迅速减少了生成和重构代码所需的时间，而且这类工程师普遍反映出更好的工作体验，提升了工作的幸福感。

事实上，ChatGPT的到来，也大幅度降低了编程门槛，用户使用大模型，基于简短描述进行提示，就能自动生成代码。ChatGPT实现了编程能力的平权，让大家拥有相同的能力，通过适当的引导就能生成想要的结果，人人都是程序员，人人都可编程的时代到来了。

（4）研发潜力 🤖

相比于前面三大业务领域而言，ChatGPT在研发层面带来的影响具有不确定性，其潜力还在被持续挖掘。

生命科学和化学工业已经开始在研发中使用生成式人工智能模型生成候选分子、加速新药开发和上市的进程；生成式人工智能也可以帮助产品设计师通过更有效地选择和使用材料来降低成本，也可以大幅提升产品的测试效率。

举一个例子，几乎所有的制造业，在进行产品、零件设计或测试阶段，通常都会先进行计算流体动力学（CFD）和有限元分析（FEA）虚拟仿真测试。尽管这些仿真测试比实际物理测试会更快，但无论是CFD还是FEA，会耗费大量时间和资源，特别是对于设计复杂的产品和零件而言，在芯片上运行CFD模拟需要数天，甚至数周。因为这些仿真涉及跨多个学科耦合的模拟，计算非常复杂。

而采用大模型可能会彻底改变研发过程中的设计或测试阶段，可以以更高的速度和更低的成本模拟实际物理测试。它们无须花费数小时、数日、数周来运行基于这些模型的设计方案，而是可以在短短几秒内产生模拟结果，从而使研发人员能够尝试更多的设计方案，也可以加快产品测试进程。

工业界对基于ChatGPT等大模型的研发用例目前还在持续积累和早期研究中，可以肯定的是，ChatGPT在研发领域的应用已经在不断增长，可以与生成式人工智能配合使用，以产生更大的效益。

从企业视角来看，从市场洞察到产品规划，再到产品研发、产品销售，最后回到客户运营，形成了一个企业价值链端到端的闭环。总体来看，ChatGPT是对企业全方位、全价值链、跨越整个组织的赋能。

2.3.3　超级创作者

从本质上说，企业可以看作是众多个体大规模的协同系统，它存在的核心价值是以一种更高效的形式，让成百上千的人组织在一起，完成那些个体无法完成的事情，但是，如果企业的大部分员工和核心运作方式能够被AI替代，那么意味着这些企业没有了存在的必要。从另外一个角度，对于个人来说，也完全可以利用ChatGPT来完成企业做的事。

（1）降低门槛

今天是一个万物都可"Chat"的时代，所有的内容都会被AI重构一遍。因为ChatGPT大幅度降低了内容创作的门槛，越来越多针对个人创作者的难题，可以通过ChatGPT来解决，原先只属于大企业的技术资源壁垒，变成了普通人可拥抱的内容变革。

具体来看，ChatGPT背后的AIGC技术，极大地提升了创作者的生产效率。个体创作者只需输入文本或音频，几分钟内即可生成数字人播报视频；通过上传少量图片、视频素材，就能得到自己的数字人分身；而数字人做直播，可以7×24小时不间断开播，只要一台计算机就能实现。

AIGC配音的功能，也可以广泛适用于新闻播报、短视频制作及有声小说等场景。一段1000字的文稿，利用AIGC可在2分钟内完成配音和发布，同时能实现手动调整语音倍速、局部变速、多音字和停顿等效果。

AIGC文本自动生成视频技术，也是一项革命性的技术创新。它不仅大幅提升了视频内容的生产效率和质量，同时也为创作者提供了更多的创意空间和自由度。在AIGC技术的加持下，创作者可以通过文章转视频能力，直接将自己撰写的文字转化为视频内容，无须进行烦琐的素材收集和处理工作。此外，AIGC让创作者可以快速处理分镜、添加卡点、滤镜、特效等，从而大大缩短了视频制作的周期和成本。

未来创作者只需要带着一个想法，就能创作一段动漫或制作一个精彩的视频，真正实现让内容多元，让创意绽放。

（2）生产力大提升 🤖

除了创作门槛的降低，基于大模型技术，市场上已经出现了很多面向个体生产力提升的工具，在创意制作、文本生成、图像和视频工具、学习工具、阅读工具、市场分析、编程等各个领域快速融入个体的工作流，从信息处理、个性化学习、辅助创作、智能优化等方面协助个体进行创作，也让个体真正成为了超级创作者。

通过ChatGPT，个体可以更快速地处理大量的信息和数据，并且AIGC可以通过不断地反馈和学习来改进和加强自己的能力，这可以帮助个体更好地利用时间和精力。而AIGC的本质是学习、模仿已知规律，但是它无法取代人类的独特认知、想象、创造力，在解放了时间之后，个体可以更好地开发自己的想象和创造力。

此外，ChatGPT可以帮助个体自动化和智能化地完成一些日常任务，如自动化的翻译、文字编辑、数据分析和图像识别，这可以使个体更快地完成工作任务，并且可以提高工作的精确度和准确度。

我们正在经历一个从"好奇心驱使我们试用"到逐渐信任ChatGPT，并将AI融入工作流的转变。未来的生产方式将越来越简单，主要依赖新智能协助人类创造，在AIGC加持下，各种新技术、新创造的出现周期也有望缩短。

（3）从"工具"到"伙伴" 🤖

在大模型的加持下，AI正在从"工具"变成人类的"伙伴"。与过去不同，在AI研究的早期，许多系统和机器最多只是提供一些固定的功能和服务，然而新一代AI则可以不断学习和进化，提供更高级的定制化服务，跟随人类的需求进步，AI助手将与人类进行协同工作来达成共同目标。在这个阶段，人机协作模式也将发生变化，人类将发挥创造、立意、叙事和决策能力，而AI也可以为人类提供汇总提炼、实例化、制作变体等帮助。

从个人视角看，ChatGPT的出现，极大降低了创作的门槛。作为一种工具，ChatGPT让个体创作的生产力大幅度提升，原先需要企业级别的资源和技术，以后个体创作者也能够轻松驾驭，个体创作者的数量也会越来越多。

本书会在第6章针对个体如何玩转ChatGPT进行更详细的介绍。

2.3.4　资本涌动下的创业潮

哪里有机会，哪里就有创业者，哪里就有投资人，ChatGPT大模型的出圈，催生出了众多与AI相关的投资和创业机会。

（1）创业生态

从当前创业生态看，与大模型相关的创业处于百花齐放的阶段，无论是创始人的背景，还是专注细分领域，提供的产品服务都非常多元。此外，之前做计算机视觉、自然语言处理的科技企业，也开始转型积极投入大模型。

创业者之中，既有研究自然语言处理将近40年的科学家，也有已经功成名就的创业者，还有刚刚博士毕业的年轻人，甚至之前做投资的大佬也躬身下场，这些创业者们在各个层面展开着竞争。

在应用层，最直接的是做语言类应用的企业，包括翻译、对话、摘要、生成、推理等，这些公司主要出现在社交、咨询、招聘、健康、心理、金融、法律与营销等领域；而当前文本与图像生成是相对成熟的两大模态，有较多初创企业也聚焦于此，同时，这些企业也在积极融入视频等更多的模态；在零售、金融、营销、设计等落地路径相对清晰的行业，很多深耕已久的公司，正在迅速结合业务数据及应用场景，积极融入大模型，同时在这些行业也活跃着初创企业的身影；各行业属性的智能助手方向的创业企业也在迅速增加，如求职、招聘、求学、法律、健康、购物、企业知识问答等方向的个人助手和员工助手方向的创业公司持续涌现；此外，针对个人创业者提供生产力工具的公司也很多，包括文案写作、图像生成、视频脚本生成、3D资产生成等。

在模型层，除OpenAI外，通用模型基本上都是全球科技巨头的专属，但与此同时，许多面向特定行业的垂直大模型公司开始出现，当前主要聚焦在医疗、电商、科研、工业、自动驾驶和机器人等方向。

在基础设施层，虽然计算领域还有云基本上是老牌巨头的专属，但依然可以看到很多积极拥抱存算一体、Chiplet、RISC-V等新技术、新生态的芯片公司出现，更多比例的创业公司聚焦在为训练和应用大模型提供支持的工具链上。

以上的这些创业机会，也逐步外溢到了元宇宙、数字人等领域，或许在创业者眼中，什么都是机会。

（2）活跃又谨慎 🤖

相比于百花齐放的创业生态，当前的投资者显得活跃同时也比较谨慎。

从投资方来看，几乎所有类型的投资机构都不想错过这场"盛宴"，既有腾讯、百度风投、蚂蚁集团、好未来等产业资本，也有红杉、IDG、真格基金、创新工场、启明创投、经纬创投、奇绩创坛等风投公司。

从融资规模来看，公开数据显示，2023年上半年，全球涉及AI大模型的企业融资有51笔，融资金额超1000亿元，国内交易数量占比近40%，但融资金额仅占6%左右。

这也在一定程度上显示出，针对大模型、AIGC的投资一直在持续增长，但真正下场落地的资金，仍是AI总投资的一小部分，一级市场投资人仍然比较谨慎。

总结一句话，当前投资者看得多、投得少。

比较有趣的是，很多投资者开始躬身入场。今年上半年，至少有20家大模型企业获得融资，且集中在早期的天使轮或A轮。这些创业者基本自带光环，既有李开复、王慧文、王小川、李志飞、周伯文等有过创业或大厂背景的名人，也有清华大学、中国人民大学、西湖大学等学院派新秀，其中清华大学尤为典型，生数科技、深言科技、月之暗面、清昂智能、面壁智能、聆心智能等背后都站着清华大学教授。

为何大佬入场？背后核心是谁都不愿意错过大模型这个赛道和机会，但同时大模型又面临着投资金额大、回报周期长、成功率较低、行业竞争激烈、监管日益趋严等风险。因此，需要这些投资机构亲自下场、组团入局，整合最强的资源，争取能够找到像OpenAI这样真正意义的投资标的。

（3）未来机会

从投资机会来看，目前业界只看到了大模型作为AI革命中基础设施的能力跃升，远未看到大模型的能力边界，也还没有完成对大模型能力的"可解释性"的研究。真正应用AI的产品，即使是在海外也还没有完成产品的打磨，更没走到对传统业态和生产方式的革新。从这个角度来看，AI领域将随着产业的发展在未来十年持续涌现丰富的投资机会。

但针对不同的大模型，可能会呈现出不同的机遇和格局。

针对通用大模型本身，作为底座技术，一旦得到广泛认可和应用接入，大模型公司的商业变现能力会很强，用户黏性也会比较高。这意味着在通用大模型领域，可能会是一个赢者通吃的局面，最后只留下绝大多数用户认可的、做得最好的通用大模型，同时也意味着通用大模型只会是少数科技巨头的游戏，需要在资金、人才、技术、数据和生态上长周期地投入。所以对投资者来说，需要努力找到那个最后的赢家，这也意味着这个细分领域创业的机会不会太多。

对于行业大模型，可能更多是行业头部企业的领地。对于行业头部企业，掌握着更多行业数据，行业数据往往掌握在企业手中，出于数据安全等考虑，很少有企业愿意将私有数据开放，但这些行业数据往往直接或间接影响着行业大模型的技术迭代速度、模型精准度和业务专业度。

因此，对于行业企业，行业数据才是护城河，在自身领域深耕，持续积累数据，并结合着通用大模型，可以让行业大模型更容易推广和落地。据推测，未来很多企业会有自己的垂直模型，这也意味着推动大模型轻量化、垂域化会是一个比较好的方向。

或许各个应用领域才是真正的创业者天堂，创业公司更多的机会是在垂直赛道上做应用或工具链（帮淘金者淘金的工具）。针对垂直场景应用，以API调用或OEM私有化部署的方式，借力大模型供应方的大模型服务，聚焦数据和应用的创新研发，要么在存量市场提升效率做大做强，要么采用大模型开辟新场景解决新问题，这是目前比较清晰的方向。

需要指出的是，正因为有关大模型的能力边界、产品形态、核心影响、商业落地路径等都还没有达成共识，所以对没有更大的商业化压力的创业公司，可能会有更多机会。

2.4
ChatGPT动了谁的奶酪？

科技革命是一把双刃剑，在带来深远影响的同时，会触及各方利益，ChatGPT让业内的每个人都感到焦虑，这是当前最真实的写照。在新格局重塑之前，无论是国家，还是科技巨头，已经在基础设施、大模型、应用等所有领域展开较量。对待ChatGPT的态度，有人兴奋，有人犹豫，也有人怀疑，但无论是创新者、拥抱者还是守成者，都会被卷入这场变革中。同时，ChatGPT也会对工作带来巨大影响，会带来人生的赢家，也会出现工作的输家。

2.4.1 科技巨头的竞争

2022年之前，几乎没有人听说过OpenAI，现在OpenAI在业内已经家喻户晓，特别是获得了微软全力支持后，OpenAI已经被众多科技巨头视为竞争对手。伴随着ChatGPT出圈，科技巨头之间的竞争正在逐步加剧，从"亦敌亦友"的状态变成了"公开敌人"。

（1）前车之鉴

作为移动互联网时代的老大哥，2007年鼎盛时期的诺基亚在全球手机市场份额中超过了50%。同一年，史蒂夫·乔布斯领导下的苹果公司正式推出了iPhone。不久后（2008年）谷歌推出了Android操作系统。从此，开启了智能手机时代。

诺基亚力推自家的"塞班"（Symbian）系统，但面对Android和

iOS的攻势，根本无招架之力，业绩持续下滑。到了2010年，病急乱投医的诺基亚请来了微软前高管斯蒂芬·埃洛普（Stephen Elop）接任CEO，彻底放弃了塞班，也拒绝了呼声最高的安卓，最终决定使用微软的WP系统。

这一决定没能够成功拯救诺基亚，反而加速了它的崩溃。2013年，诺基亚手机业务以73亿美元贱卖给了微软（2007年市值871亿美元），一代手机巨头轰然倒下。

诺基亚从成立（1865年）到鼎盛时期（2007年）用了142年，但从鼎盛时期到无人问津（2013年）只用了不到6年时间。诺基亚失败的背后核心是科技巨头对新技术的保守，错误的选择就在一念之间，CEO埃洛普在记者招待会上公布同意微软收购时的经典名言"We didn't do anything wrong, but somehow, we lost…"（我们并没有做错什么，但不知为什么我们输了……），不禁让人扼腕叹息。

对于ChatGPT、对于大模型、对于AIGC，当前的科技巨头已迅速形成共识，这次变革绝非小变量，有了诺基亚的前车之鉴，谁都不想因为变革被掀翻。

（2）全面竞争

谷歌、微软、Meta、苹果等科技巨头的竞争是全面的，无论是应用层、模型层还是基础设施层。

在搜索引擎方面，谷歌占据了全球搜索引擎市场93%的份额，而微软必应的市场占有率只有3%。微软优先将ChatGPT技术整合到了必应中，推出基于ChatGPT的新搜索引擎，某种程度上重启了搜索大战，对谷歌构成了威胁。作为反击，谷歌积极研发和优化生成式人工智能产品，包括其聊天机器人Bard及提升搜索引擎的体验。

针对社交媒体，Meta发布了AI模型和研究成果，并正准备推出一款与推特竞争的应用，这款新应用与Instagram集成，但侧重于基于文本的更新；微软旗下的职业社交网站LinkedIn已经整合了AI工具来改进帖子内容。

针对办公工具，微软借助Windows的先发优势，已经开始在Word、Excel和其他产品中整合ChatGPT相关功能，而谷歌在文档、表格等方面也做了同样的事情。

针对云计算业务，谷歌云、微软的Azure和亚马逊的AWS都把生成式人工智能放在了B2B销售宣传的核心位置。

对于这些科技巨头而言，都有一个共同的痛点，那就是稀缺且昂贵的资源算力，具体而言就是芯片。亚马逊、谷歌、微软等科技巨头试图摆脱对英伟达GPU的依赖，重点布局芯片，采用的方式是自研。

这些巨头一直在开发专用集成电路芯片（ASIC），相比于通用处理器GPU，ASIC更适合执行专用任务，其处理速度更快、性能更好、功耗也更低。科技巨头都把芯片提升到了in-house自研的重要性程度，为训练和运行大模型提供支持。

对于苹果来说，其落地更进一步，推出了最新的头戴显示器设备Vision Pro。Vision Pro完全采用苹果自研芯片，兼容苹果操作系统，并提出了空间计算的概念（将机器、人、对象和它们所处的环境之间的活动和交互虚拟化，以实现和优化行为和交互）。苹果试图重现当年乔布斯时代的iPhone时刻，在硬件、软件、工程、应用、生态上树立新的标杆。

（3）花钱抢客户

科技巨头竞争的第二个关键点是抢客户和项目，特别针对当红的AI公司，采用的方式是战略投资，背后本质还是钱。

OpenAI和微软的联手成为了一个范本，微软向OpenAI注资了百亿美金，持有OpenAI 49%的股权，微软也成为了OpenAI独家云服务商，同时取得了OpenAI产品的优先使用权。

另一巨头谷歌，向OpenAI的竞争对手Anthropic投资了4亿美元，谷歌云已成为Anthropic的首选云供应商。

而另外一家文生视频领域的AI公司Runway，成为了谷歌和亚马逊对决的棋子。2023年3月，亚马逊与Runway宣布建立长期战略合作伙伴关系，AWS成为Runway的首选云提供商。但不到4个月，谷歌就向Runway投资了1亿美元，而Runway也有望从谷歌租用云服务器。

此外，谷歌云还宣布文生图领域的Midjourney和聊天机器人

Character.AI建立了合作关系。Character.AI以前是甲骨文的关键云客户，而甲骨文也曾提供价值数十万美元的计算积分，作为 AI 初创公司租用甲骨文云服务器的激励措施。

为了抢夺客户，巨头们可谓是竭尽所能。根据不完全统计，谷歌目前至少为17家公司提供了云服务，亚马逊紧随其后，至少有15家公司使用AWS进行云计算，而微软和甲骨文则分别向6家公司和4家公司提供云服务。

通过以上分析，ChatGPT的发展将会对传统的竞争格局产生颠覆性影响，至少在几个巨头之间已经形成了共识。因为大模型的进步不是循序渐进的，而是爆发式的，一步落后，则步步落后，要是被甩得远了，追上去更是困难重重。

2.4.2　国家队进场

人工智能历来是全球竞争的焦点，ChatGPT的出圈、大模型的涌现、AIGC的应用，大概率会改变甚至颠覆现有的世界运转体系，所以各国都把大模型作为竞争焦点中的焦点，我国对这一领域也表现出了很大的热情与期待。

（1）全球态势

自谷歌2017年发布Transformer网络结构以来，仅用几年时间全球已迅速发展出庞大的大模型技术群，衍生出涵盖各种技术架构、各种模态、各种场景的大模型家族。

根据2023年6月份中国科学技术信息研究所发布的《中国人工智能大模型地图研究报告》，美国谷歌、OpenAI等机构不断引领大模型技术前沿，中国、加拿大、英国、德国、俄罗斯、以色列、韩国等国越来越多的研发团队也在投入大模型的研发。从全球已经发布的大模型分布来看，中国和美国在大模型数量上超过了全球总数的80%，美国在大模型数量上居全球之首，中国次之。中国从2020年进入大模型快速发展期，目前与美国保持同步增长态势。

在欧洲，总部位于法国巴黎的人工智能初创公司Mistral AI已经启动融资，此前，有欧洲媒体将其称为"欧洲的OpenAI"及"欧洲对抗ChatGPT的秘密项目"。值得注意的是，Mistral AI成立仅4周，团队仅6人，就拿到了欧洲公司有史以来最大的种子融资之一。除了Mistral AI外，德国人工智能初创公司Aleph Alpha也正在持续发力。

此外，生成式人工智能的发展，加快了全球特别是欧盟、美国、中国的监管和立法的进程，其中欧盟走在前列。欧盟正努力在2023年底让《人工智能法案》生效，期望为全球人工智能立法定下基调。我国也将提出综合性的智能立法，而美国的重点在于建立风险控制技术标准。整体而言，全球各国针对大模型均持积极支持态度，同时也在积极为相关监管做准备。

（2）中美比较

早在2020年，美国就推出了11个大模型，其中包括著名的GPT-3。彼时，我国只推出了两个大模型。不过，短短3年时间内（截至2023年5月份），我国10亿以上参数规模的大模型已经发布了79个，与美国现有的100个大模型在数量上已相差无几。

值得一提的是，截至2023年5月底，我国今年已开发出19个大模型，而美国推出了18个大模型，包括新发布的GPT-4。

目前我国存在的短板是对大模型工程化技术的掌握，包括高质量数据来源、数据配方、数据清洗和参数设置等。但是将它们整合在一起，总体效果（模型参数等）仍然存在差距。

此外，在芯片上，不仅在算力、带宽等性能上同英伟达A100、H100芯片有差距，支持自然语言处理和大模型训练的算子库也不够成熟，国产替代产品仍有软硬件适配等技术问题尚待持续优化与解决。

（3）国家队

我国一直对人工智能保持很大的热情和期待，在很多年前就提出了颇具雄心的人工智能科研、创新与产业目标。因为在过去的30多年里，我们所经历的信息技术革命，本质上是基于美国开创的底层技术而搭建的信息应用生态。在操作系统、芯片及EDA工业设计软件等底层技术上，我国并没有取得重大成功。

如今大模型到来，让人工智能技术的应用进入一个新阶段，大模型的革命或许给了我们一个厚积薄发和弯道超车的机会，所以我国对通用人工智能表现出很大的热情与期待。

从政策上看，2023年前后，国家和地方持续出台各类鼓励性政策，涵盖顶层战略规划、基础层建设、应用层布局和区域性部署等维度，全方位支持人工智能产业发展。

2023年7月，国家标准委指导的国家人工智能标准化总体组宣布，我国首个大模型标准化专题组组长，由上海人工智能实验室与百度、360、华为、阿里等企业联合担任，正式启动大模型测试国家标准制订。也就是大模型国家队开始组局，合力推动大模型技术和标准化的落地。

除了模型训练基础设施外，我国的开发者在硬件层面上也越来越独立，为了应对美国制裁的威胁，中国公司越来越多地转向国产GPU。

现在人工智能整体发展仍处于初期，未来究竟如何尚未可知。我国是美国和英国以外唯一一个开发完整"生成式人工智能技术栈"的国家，从基础模型到应用层面都有所涉及，现阶段鼓励百花齐放、多方探索，在国家层面也在加强相关布局与规划。

2.4.3　淘汰很多人

2017年，美国知名杂志《纽约客》封面刊发了一张人工智能社会的图片：曼哈顿大街上，来来往往穿梭着不同类型和大小的机器人，有的拿着手机、有的端着咖啡、有的在遛机器狗，作为唯一的人类，一个满脸胡须的年轻乞丐坐在地上乞讨，一个机器人向他杯子里投掷螺丝和螺帽，年轻乞丐身旁的小狗满怀惊讶和担忧地看着旁边走过的机器狗……

这幅封面作品寓意很明显，未来社会AI会淘汰甚至取代很多人，也深刻反映出人们对工作被AI取代的极度担忧。

ChatGPT的推出，会对人类工作、技能甚至创造力造成巨大的冲击，其带来的颠覆性影响也给职场人带来前所未有的危机感。

（1）影响哪些职业

人类技能大致可以概括为三类：第一类是体能类，仅需要在物理世界付出体力劳动就可以完成任务；第二类是知识类，根据积累的知识进行计算和处理，如文案整理、总结等；第三类是创意类，如写一个剧本故事、一段代码、一篇创意文案甚至管理策划，其结果会因人而异。

过去，我们通常认为AI科技和工具短期不会对创意类的技能和工作产生影响，即使有影响，也只会对简单重复的体能类技能产生巨大冲击，但因为ChatGPT面世后的影响，这个结论可能不再成立。

长江商学院曾经做过一份研究，其统计了ChatGPT适应性强和适应性弱的TOP10类职业，如表2.2所示。

表2.2　GPT适应性低和适应性高的TOP10类职业

GPT适应性低的TOP10类职业	GPT适应性高的TOP10类职业
考古及文物保护专业人员	编辑
盲人医疗按摩人员	校对员
农副林特产品初加工人员	公证员
其他农、林、牧、渔业生产及辅助人员	软件和信息技术服务人员
国土空间规划与生态修复工程技术人员	检验试验人员
作物遗传育种栽培技术人员	包装人员
家用电子电器产品维修人员	安全保护服务人员
考古及文物保护作业人员	护理人员
图书资料与微缩摄影专业人员	行政业务办理人员
林草种苗繁育人员	教育服务人员

从表中可以看出，GPT适应性低的职业大多是基于线下场景的，即体能类的职业。在适应性高的职业里，大多数是有很强规范（模板）的文字处理类工作，如公证员、校对员、行政业务办理人员等，或者是依托较强规范和流程的、比较固定的工作，如检验试验、包装等；对于计算机编程这个曾经被认为是比较紧缺的技能和职业，ChatGPT在此类工作上的适应性也非常强；另外一些以前公认的高智商工作，如编辑、翻译、教育工作者等，也可能会受到威胁。

以上提到的无论是文字处理、计算机编程，还是高智商工作，都属于我们传统意义上比较青睐的知识类职业，GPT适应性非常强。

（2）白领先失业

以上研究也进一步印证了麦肯锡的结论。麦肯锡认为，GPT等生成式人工智能可能对知识型工作，即对"白领（white-collar，非体力劳动工作者的代表）"产生最大影响，而传统认知是白领工作被AI替代的可能性很低。

相反，GPT对体力工作活动影响很低，因为大模型从本质上说是为完成知识型任务而设计的，除了能够自如应对知识搜集和处理，也直接影响到了那些需要应用知识去协作和决策的活动。同时，麦肯锡认为，许多涉及沟通、监督、记录的活动也有可能被生成式人工智能所替代，从而进一步加速教育服务类职业的转型。

传统观点认为，AI技术发展会对蓝领（blue-collar，从事体力和技术劳动的工作者）影响最大，原因是他们的受教育程度、工资、技术门槛相对较低，但麦肯锡发现，GPT的影响是相反的，它会对受过更多教育的白领产生更大的影响。从另外一个视角，AI对一些较低工资的职业很难产生影响，如操纵织物或采摘精致的水果，同时对于那些处于最顶端的高薪工作，因为AI赋能，工作人员的生产效率会得到大幅度提升，而且极大扩大了工作活动范围，所以很多经济学家提出了"中产阶级空心化"这一观点，因此GPT会对工资处于中间段位的职业影响最大。

另外一家著名机构高盛，通过观察美国和欧洲若干种不同职业通常执行的任务数据，认为约63%的美国人近一半的工作量能够通过AI

自动化完成，他们将可以继续从事现在的工作，并借助AI技术把更多时间腾出来，从事更有成效的活动。另外，30%从事体力或户外工作的美国人，基本将不受影响，余下约7%的美国工人所从事的工作中，至少有一半的任务可以由生成式人工智能所替代。欧洲的情况也大致与美国相当，在全球层面，体力工作在发展中国家就业中所占的比例更大。

总体而言，高盛估计，约五分之一的工作可以由AI完成，在各大经济体中，这相当于约3亿个全职工作。

（3）长期而复杂 🤖

通过以上分析，结合全球咨询机构预测，是不是意味着大多数职场打工人会有一个悲观的未来？我觉得未必。

需要辩证地看，GPT对某些职位适应性高并不意味着完全替代，相反，把ChatGPT嵌入工作流程中，可以大幅提高工作效率，价值会被放大或者增强；GPT适应低并不是好事，意味着这类型岗位无法享受到AI带来产业红利。

从短期来看，GPT技术会对某些行业和领域造成影响，会替代一些重复性、执行性强的知识型工作，导致部分从业者失业或工作机会减少，如客服领域。AI可能会比人工更加高效和可靠，在内容创作领域，部分采编工作可能也会被自动化。

从中期来看，随着人们逐渐适应和接受AI在各个领域中的应用，GPT会增强或放大一些技能，提升已经存在的职业价值，那个时候企业的组织形式和工作分工会发生很大变化，很多人会继续从事相同的职业，但是活动组合会发生改变。

例如，针对作家，使用ChatGPT为自己提供灵感或帮助自己修订和改进文稿，虽然只需把构思、框架和重点情节告诉ChatGPT，就可以生成结构完整的作品，也让读者能阅读到批量产出的内容，但是，那些真正由人类作者书写的，更具精神内核的、更厚重的作品仍会有市场，不但不会被替代，反而会拥有更高的价值。

从长期来看，ChatGPT的替代效应会变弱，随着岗位重构和教育培训，会催生出新的职业或活动，对特定技能、职业的增强效应将变得更加明显，拥有独特技能的人会因为ChatGPT进入劳动市场而额外受益。例如，提示工程师、人工智能伦理师、数据隐私保护师、人机协同设计师等，这些职业不仅需要更高水平的技术、工程和分析能力，更需要充分发挥人类的智慧和创造力。

喷气式发动机作为一项新技术，非但没有减少飞行员的受雇数量，反而极大地刺激了航空旅行的需求，劳动力市场对飞行员的需求量在增加。在某些场景下，ChatGPT会减少对人工的需求，在大多数情况下，ChatGPT不能完全替代人类，将会与职场人长期共存。

所以，我们会在第4章再次探讨AIGC对职业的影响，以及之后单独第6章节介绍如何玩转ChatGPT。

2.5
除了GPT，还有哪些模型？

全球已发布数百个大模型，我国发布的参数在10亿规模以上的大模型有79个（截至2023年6月份）。GPT相比于其他大模型，占据着先发优势，但并不意味着只有GPT能够称霸全球，或许因为场景、地缘政治、数据等因素，其他大模型可能也会异军突起。

2.5.1　国内大模型

国内大模型整体呈现出百花齐放的发展趋势，不仅有百度、华为、阿里、腾讯、京东、字节跳动、科大讯飞、商汤等先后公布大模型进展；还有AI创业圈名人，如出门问问创始人李志飞、搜狗创始人王小川、美团联合创始人王慧文和元老级高管陈亮等投身其中；中国科学院自动化研究所、上海人工智能实验室、复旦大学、清华大学等科研院所也纷纷入局。

（1）百度：文心一言 🤖

文心一言被百度称为全新一代知识增强大语言模型，能够与人对话互动，回答问题，协助创作，高效、便捷地帮助人们获取信息、知识和灵感。

百度文心一言的参数量为100亿，其中包括超过300种不同的语言特征，使用的是百度自有的数据集，包括海量文本、搜索日志、问答数据等，擅长处理短文本，尤其是情感、文化、社交等领域的短文本；在语义理解和情感分析方面具有很高的精度，可以识别出复杂的情感表达和语言隐喻。

百度文心一言主要使用机器学习和自然语言处理技术，如Word2Vec、LSTM等，用于对大量的语料进行训练，从而提高其文本生成和推荐的准确性和适用性。

（2）阿里：通义千问

通义千问是阿里云推出的一个超大规模的语言模型，功能包括多轮对话、文案创作、逻辑推理、多模态理解、多语言支持等。能够跟人类进行多轮的交互，也融入了多模态的知识理解，且有文案创作能力，能够续写小说、编写邮件等。

通义千问模型包含超过100亿个参数，是基于阿里云的大模型技术开发的，同时在敏感信息屏蔽方面的能力也得到了大幅度增强，这意味着它可能会受到阿里云大模型技术的限制，同时也可能具有更好的隐私保护能力。

（3）清华：ChatGLM

ChatGLM是一个初具问答和对话功能的千亿中英语言模型，并针对中文问答和对话进行了优化，结合模型量化技术，用户可以在消费级的显卡上进行本地部署。

ChatGLM的参数为62亿，虽然规模不及千亿模型，但大大降低了推理成本，提升了效率，并且已经能生成相当符合人类偏好的回答。

ChatGLM使用了监督微调、反馈自助、人类反馈强化学习等方式，使模型初具理解人类指令意图的能力。

（4）腾讯：混元大模型

混元大模型采用腾讯太极机器学习平台自研的训练框架AngelPTM，相比业界主流的解决方案，太极AngelPTM单机可容纳的模型可达55B，20个节点（A100-40Gx8）可容纳万亿规模模型。在模型层，混元大模型完整覆盖NLP大模型、CV大模型、多模态大模型、文生图大模型及众多行业、领域、任务模型。

（5）华为：盘古大模型

盘古大模型使用Encoder-Decoder架构，兼顾NLP大模型的理解能力和生成能力，保证了模型在不同系统中的嵌入灵活性。盘古大模型包括5+N+X三层架构。

• L0基础大模型：包括NLP大模型、CV大模型、多模态大模型、预测大模型、科学计算大模型在内的5个基础大模型。盘古3.0为客户提供100亿参数、380亿参数、710参数和1000亿参数的系列化基础大模型，匹配客户不同场景、不同时延、不同响应速度的行业多样化需求。

• L1行业大模型：涵盖N个行业大模型，既可以提供使用行业公开数据训练的行业通用大模型，包括政务、金融、制造、矿山、气象等，也可以基于行业客户的自有数据，在盘古的L0和L1上为客户训练自己的专有大模型。

• L2场景模型：为客户提供更多细化场景，它更加专注于某个具体的应用场景或特定业务，为客户提供开箱即用的模型服务。

2.5.2 国际大模型

国际上已掀起从"大炼模型"到"炼大模型"的技术热潮，OpenAI公司将继续推进ChatGPT的模型演进，目前已发布多模态预训练大模型GPT-4，实现了多个方面的跃升；谷歌创设了1370亿参数级大型自然语言对话模型LaMDA。当前正加快推出基于LaMDA的聊天机器人Bard，并动员全公司开展内测；微软与英伟达合作推出了

5300亿参数的MT-NLG模型，与两家公司之前各自的系统相比，MT-NLG模型的优点在于更加擅长各种自然语言任务，如自动生成句子、问答、阅读和推理、词义消歧等；Meta公司复现了GPT-3，并对所有社区免费开放。

（1）Meta：LLaMa

LLaMA是Meta于2023年2月发布的模型集合（参数量分别为7B、13B、33B、65B），其中LLaMA-13B在大多数数据集上超过了GPT-3（175B），LLaMA-65B达到了和Chinchilla-70B、PaLM-540B相当的水平。

除此之外，LLaMA模型所使用的训练语料都是开源语料（1.4T tokens）；模型结构上，LLaMA在Transformer基础上引入预归一（参考GPT-3）、SwiGLU激活函数（参考PaLM）和旋转位置编码（参考GPTNeo）；算力资源上，65B模型使用2048张A100 80G，按照每张卡每秒处理380个tokens来算，训练完1.4T tokens需要21天。

（2）Stanford：Alpaca

Alpaca是Stanford用52K指令数据微调LLaMA 7B后得到的预训练模型，作者声称在单轮指令执行的效果上，Alpaca的回复质量和openAI的text-davinci-003相当，但是Alpaca的参数非常少。

Alpaca的训练方法主要包含两个部分：第一部分是采用self-instruct思想来自动生成instruction数据；第二部分是在instruction数据上通过监督学习微调LLaMA模型。其训练流程为：基于175个人工编写的指令-输出对，作为selfinstruct的种子集；基于种子集，提示text-davinci-003生成更多的指令；优化selfinstruct：简化生成pipeline，大幅降低成本；使用openAI API生成52K不重复的指令和对应输出；使用huggingface框架微调LLaMA模型。

（3）微软：Orca大模型

微软推出的Orca是一个拥有130亿个参数的大模型，它可以从GPT-4中学习复杂的解释轨迹和逐步的思维过程。这种创新方法显著提高了现有的最先进的指令调整模型的性能，解决了与任务多样性、查询复杂性和数据扩展相关的挑战。Orca 大模型可以针对特定任务进行优化，并使用 GPT-4 等大语言模型进行训练。由于其尺寸较小，Orca 运行和操作所需的计算资源较少。研究人员可以根据自己的需求优化模型并独立运行，无须依赖大型数据中心。微软正在利用大规模和多样化的模仿数据来促进 Orca 的渐进式学习，Orca 在 BBH 等复杂的零样本推理基准测试中已经 100% 超过了 Vicuna。

（4）谷歌：PaLM 2 大模型、Gemini 大模型等

谷歌在 2017 年提出的 Transformer 网络结构，成为了过去数年该领域大多数行业进展的基础。随后在 2018 年，谷歌提出的 BERT 模型，在 11 个 NLP 领域的任务上都刷新了以往的纪录。基于 Transformer 结构，谷歌于 2019 年推出大模型 —— T5（text-to-text transfer transformer）。

在 ChatGPT 取得突破性成功之后，谷歌宣布了自己的聊天机器人谷歌 Bard，而 Bard 这个技术形象的背后是 LaMDA 在提供后端支撑。LaMDA 是继 BERT 之后，谷歌于 2021 年推出的一款自然对话应用的语言模型。2021 年，谷歌研发出 GLaM 模型架构，GLaM 也是混合专家模型（MoE），其在多个小样本学习任务上取得了有竞争力的性能。2022 年，谷歌发布了 Pathways AI 架构的大模型（pathways language model，PaLM）。2023 年 5 月，谷歌在 Google I/O 开发者大会上发布了升级款 PaLM 2，PaLM 2 同时提供了四种参数的模型，从小到大分别是壁虎（Gecko）、水獭（Otter）、野牛（Bison）和独角兽（Unicorn）。据谷歌介绍，PaLM 2 具有改进的多语言能力，在训练模型时加入了 100 多种语言的语料，促使 PaLM 2 在理解、生成和翻译细微差别的文本（如成语、诗歌和谜语）的能力上相比前代有着显著提高。同时，在推理方面，PaLM 2 的数据集在理解科学论文及数学表达式等问题时也有着巨大提升。

此外，谷歌也有全新的 AI 大模型 Gemini，Gemini 会将 AlphaGo 与 GPT-4 等大模型的语言功能合并，目标是让系统具有新的能力，如规划或解决问题，比 OpenAI 的 GPT-4 能力更强。不过 Gemini 还在开发中，这个过程预计还需要几个月的时间。

2.6
ChatGPT解锁了哪些应用场景？

本小节将从3个维度介绍ChatGPT的应用场景，首先从企业视角出发，初步分析ChatGPT的落地路径；然后选取了3个有代表性也非常具有价值的案例进行阐释；最后采用框架方式结构化呈现出ChatGPT的13个典型应用场景。

需要说明的是，ChatGPT的应用场景众多，这里只是给出一个思考框架，激发读者产生更多、更具价值的想法。

2.6.1 一把手工程

ChatGPT在各行各业遍地开花结果，对于一家企业而言，什么是最佳落地路径，这里将对此进行分析。

（1）期望与需求

根据咨询机构"TE产服"2023年5月的调研统计，90.8%的中国企业会在一年之内部署或导入ChatGPT类AIGC应用，基本上选择基于小范围的业务进行试点，说明大多数企业都意识到了AIGC能带来的潜在价值及愿意尝试的开放态度。

这些企业在导入AIGC类应用时，最核心考量的5个因素分别是：与当前系统集成的难度与兼容性、人才队伍建设与技能培训、数据安全与隐私保护、与主营业务方向的匹配度、能否快速将能力赋予相关业务。前面3个因素可以归纳为"是否用得上"，后面2个因素可以归纳为"能否用得好"，从侧面印证企业对待AIGC都是非常务实的态度。

在ChatGPT实际落地目标上，企业更加期望ChatGPT的引入能够改善内外部服务对象的体验、优化企业数据分析与决策、改进企业内部协作与沟通、降低企业运营成本。

（2）一把手推动

为了实现以上的目标，需要将AIGC落地到企业的具体业务中。在这一过程中，企业CEO是最佳角色也是最关键的角色，这个角色需要极强的业务理解和业务重新整合的能力。

首先，对外需要深刻地对上下游产业业务进行精准洞察和认知，才能捕捉到AIGC在企业中的服务落地点和价值输出点；其次，对内需要对企业的整体管理和运营业务高度熟悉，才能将AIGC能力融入业务流程中，以最低代价方式精准赋能业务；再次，基于AIGC发散的业务模式，也需要高度跳跃的超前思维，创造和发现新的AIGC落地方式，才能用AI解决方案来服务自己及外部客户。

只有同时具备以上3种能力要素，才能顺利、有序地将AIGC落地到具体业务之中，所以这项工作非一把手莫属。

（3）5条路径

在具体落地层面，企业引入和获取AIGC相关能力可以有5条不同的落地路径，分别是从头开始训练大模型、基于通用大模型微调来完成特定任务、轻量级训练大模型（low-rank adaptation of large language models，LoRA，大模型低阶适应，相比于微调更加轻量化）、采用提示工程（Prompt）等方法引导生成大模型、直接使用大模型。

上述5种路径中，大模型的参与程度越来越轻，构建自身的AI能力越来越弱（门槛越来越低），但所需要的研发资源、投入的资金和人力也越来越少。

对于大型企业，可以基于自己的业务训练自己的大模型，到逐步探索基于大模型的创新业务（包括出售行业大模型），最终完全构建自身的AI能力；对于中型企业可以接入基础大模型，选取试点部门或子公司，从简单的业务成熟场景入手，将业务数据放到大模型中进行微调，从而逐步改善原有的业务系统；小型企业则来自原有SaaS的升级迭代，等待相关模型更新后直接应用。

需要指出的是，当前针对AIGC主要有3种付费模式，分别为软件与服务订阅、内容产出量收费、定制化商品开发，它们有不同的特点，也适用于不同类型的企业，如表2.3所示。

表2.3　AIGC 3种付费模式对比

付费模式	特点	优点	缺点	适用企业
软件与服务订阅模式	根据客户使用服务的时间长短来计费	方便预估成本，同时也可以通过调整使用时间来控制花费	容易出现空闲浪费	中等规模企业，对支出有灵活性和可预测性需求
内容产出量收费模式	根据客户使用的API调用次数或计算资源占用量来计费	价格相对透明，只需按实际使用付费	有时难以进行成本控制，应用量突增时成本大幅提升	小型、初创企业
定制化商品开发模式	根据客户特定的需求和预算提供定制化的服务方案	能够满足个性化需求	成本高，运维难度大	有长期稳定业务需求的大型企业

基于企业过往应用的经验，在AIGC的服务收费模式上已经表现出更为理性也更加落地，对于预算支出有明确可预测及灵活性需求的企业，更愿意采纳软件与服务订阅收费模式；对于业务不够稳定且业务方向性不够明确的微型、小型、初创类企业，按内容产出量收费的模式更加适合；对于有明确且长期业务目标的大型企业，在预算充沛的情况下，定制化商品开发收费模式更受青睐。

2.6.2　落地案例

基于以上企业落地路径分析，这里选取了3个ChatGPT典型应用。

（1）超越诺贝尔奖

在生物、化学等研究领域，研究人员已经开始利用ChatGPT强大的预测能力辅助药物发现、分子结构预测、材料研制等研究，最典型的案例是美国加州的研究人员采用完全类似于ChatGPT的模型来进行蛋白质挖掘。

在自然界中挖掘蛋白质或者调整蛋白质是非常费力的，就蛋白质而言，溶菌酶含有多达300个氨基酸，氨基酸又有20多种不同种类，所以会有20^{300}个潜在组合。这个量级比地球上所有沙子的数量加起来都要更多，可以用"无穷无尽"来形容。

为此，受大模型启发，参照ChatGPT，美国加州的研究人员构建了一个叫"ProGen"的大模型。ProGen基于Transformer架构，拥有12亿参数，研究人员向ProGen输入了2.8亿种不同的蛋白质氨基酸序列，又用了5个溶菌酶家族的56000个序列加上这些蛋白质的信息对模型进行微调，并且采用零样本方式（不提供实验室数据），最终让ProGen学习到了蛋白质中氨基酸的排序规律及它们与蛋白结构和功能的关系，生成了100万个跨蛋白质家族的人工蛋白质序列。

研究人员选择了其中的100个进行测试，有66个产生了与消灭蛋清和唾液中细菌的天然蛋白质类似的化学反应。也就是说，这些由AI生成的新蛋白质也可以杀死细菌。

从效果上看，ProGen比之前获得诺贝尔奖的"定向进化蛋白质设计技术"更加有效，这项新技术大幅度加速了新蛋白质的开发过程，通过AI生成蛋白质可以广泛应用于治疗、降解塑料等各个领域，潜力巨大。

ProGen的原理和训练方式与ChatGPT完全类似，只是ProGen深入到了蛋白质这个细分场景和应用领域。

（2）破解元宇宙内容难题

元宇宙一词来自于1992年美国科幻小说家尼尔·斯蒂芬森创作的《雪崩》一书。书中，尼尔·斯蒂芬森创造了一个和现实世界平行的三维数字空间，人们通过"化身"在空间中交流和娱乐。

元宇宙有8个关键特征，包括身份（identity）、朋友（friends）、沉浸感（immersive）、低延迟（low friction）、多样性（variety）、随地（anywhere）、经济（economy）和文明（civility）。

元宇宙不仅是一个具备社交、生活和经济系统的平台，还是一个能够产生文明的新世界。构建这个新世界需要内容，内容才是元宇宙的核心。内容使虚拟世界更加生动，激发用户的参与度，如果没有内容，元宇宙将是一片荒土。

但是，元宇宙内容的建设庞大、复杂，有以下五大痛点。

第一，建设元宇宙需要大量的时间和资源来进行设计和开发，而且需要处理非常庞大的信息量。同时，建设元宇宙是一个涉及多个领域的复杂工程，需要来自软件开发、页面设计、内容生产等来自不同行业的人才共同合作，目前人才的质和量均不能满足建设元宇宙的需求。

第二，元宇宙内容需要实现包括视觉、听觉、触觉等多种感官的呈现和互动，以具备高度的真实感和互动性。这使得元宇宙中的内容不仅包括文本，还包括图像、视频、音频等多种媒体形式，且需要实现跨模态的内容生成。同时，跨模态生成需要在实时性和效率上达到一定的标准，这对计算资源和算法的选择提出了很高要求。

第三，元宇宙内容生产具有多样性和个性化要求，需要能够根据用户的身体特征、语音和行为等数据，生成千人千面的数字人，这需要专业的技术团队和大量的研发投入。

第四，元宇宙还需提供经济、社交等多种奖励方式，激发用户参与的积极性。

第五，元宇宙内容生成还存在版权问题，元宇宙中的数字内容和资产需要进行确权，以防止侵权和盗用；也需要建立更加完善的数字资产交易和管理平台，以支持数字资产的流通和变现。

AIGC大模型能够解决上述元宇宙内容建设的痛点。

第一，AIGC可以简化元宇宙内容生成的步骤，利用生成对抗网络等技术生成三维模型、场景等数字内容，为元宇宙的搭建提供大量建设素材，加快元宇宙建设进度。

第二，AIGC能够提升元宇宙沉浸式体验，利用多模态融合技术，将文本、图像、视频、音频等不同形式的内容进行融合，生成更加真实和丰富的元宇宙体验，进一步提升用户参与的真实感。

第三，AIGC可以提供易于使用和生成内容的工具，如拖曳式的元宇宙建设工具、自动生成场景的工具、设计素材和工具等，帮助用户快速创建和定制自己的数字化身、场景和物品等内容。

第四，AIGC可以融合区块链、数字水印等技术手段，实现数字资产的确权和版权保护。例如，利用区块链技术记录数字资产的交易记录和确权信息，防止侵权和盗用。同时，可以通过数字水印技术等手段，保护数字资产的版权。此外，也可以建立更加完善的数字资产交易和管理平台，以支持数字资产的流通和变现。

AIGC将推动元宇宙"傻瓜式"内容生产的进一步发展，任何人都有机会在AI的辅助下，创作属于自己的内容，也能让元宇宙变得更加有趣。当前已经有众多初创公司将AIGC应用在元宇宙，这里不再一一提及。

（3）让数字人更写实

数字人指存在于非物理世界中，由计算机图形学、图形渲染、动作捕捉、深度学习、语音合成等计算机手段创造及使用，并具有多重人类特征（外貌特征、人类表演能力、人类交互能力等）的综合产物。

随着企业数字化转型加速，数字人应用在生产和服务领域的需求在加大，通过提供在样貌和交互能力上高度拟人化的助手，能够提高生产效率和服务质量。此外，数字人在文化娱乐领域有着广泛应用前景，如虚拟偶像、游戏角色、社交平台等，吸引了大量用户并带来可观的商业价值。

数字人是人类在元宇宙的通行证和身份标识，元宇宙的爆发进一步催生了数字人需求。

但目前，数字人的建设仍然存在难点。数字人的制作流程一般包括模型绑定、动作捕捉、动画解算、实时渲染等步骤，其中要运用到大量的现实增强、深度学习等技术。比较简单的动漫形象数字人，一般1个月就能完成，而制作一个超写实的3D数字人，从角色设计到完成渲染需要3～6个月，甚至更久。想要实现更加精致的、逼真的数字人，就越需要花费时间、人力和金钱成本。

在AIGC的支持下，数字人制作过程得以简化，AIGC技术在数字人制作中的简化体现在以下几个方面。

① 自动建模。传统的数字人制作需要进行大量手工建模，这个过程十分耗时且复杂，而利用AIGC技术可以自动生成数字人的三维模型，从而减少手工建模的工作量。

② 纹理合成。制作数字人的皮肤纹理是制作数字人时的一个重要

环节，传统的制作方法需要对每一个部位的纹理进行手工绘制，而利用AIGC技术可以自动生成皮肤纹理，大大简化了制作过程。

③ 动画生成。数字人的动画制作需要进行大量的运动学分析和动作设计，传统的方法需要制作师进行手动动画制作，而利用AIGC技术可以根据已有的动作库和算法自动生成数字人的动画，从而减少手动制作的工作量。

④ 表情和语音合成。传统的数字人制作需要对数字人进行表情和语音的录制与编辑，而利用AIGC技术可以通过表情合成和语音合成算法自动生成数字人的表情和语音，从而减少手动录制和编辑的工作量。

AIGC助力数字人简化创作，推动数字人向着从2D动画走向3D超写实，从定制化走向通用化，从商业端走向用户端的方向发展。

2.6.3　13个热门应用场景

ChatGPT可以应用在营销、在线客服、数字化办公、信息化安全与策略、新场景数字化服务、基础作业环节、出海业务、数据智能与治理、文档及知识管理、供应链与生产、信息化系统建设、财税管理、人力资源管理13个场景，以及电商、游戏、文娱、金融、工业、法律、政务、智慧城市、医疗健康、房产建筑、生物医药、农业12个行业中。

从ChatGPT的应用场景视角，当前营销与新场景数字化服务的聚集度最高，同时在线客服的数字人商业进化潜力最大；从ChatGPT的应用行业视角，文娱、电商、金融最受关注，金融行业的潜力最大。

这里列举了13个应用场景，拆解出每一个应用场景关键价值的创造环节，针对每一个环节，列出ChatGPT的主要应用方向。

（1）营销

核心环节	ChatGPT 应用方向
市场洞察	生成广告创意与投放优化参考，包括广告设计、广告内容、投放渠道策略和投放分析，从而提高广告效果和投放效率
线索运营	快速生成线索评估与优化策略，帮助企业提高线索质量和转化率

核心环节	ChatGPT 应用方向
客户培育	生成邮件营销、视频营销
客户转化	生成精准需求分析和策略生成建议，提高销售业绩；协助企业实现精细化线索管理、公私域运营等，进一步提高转化率
营销优化	协助企业进行营销动作分析、营销策略复盘，更好地评估营销活动的效果，并为未来的营销活动提供有力的数据支持
复购和增购	生成复购原因分析和复购策略营销，帮助企业更好地了解客户需求，还能运用社交网络传播分析，发掘潜在的客户资源

（2）在线客服

核心环节	ChatGPT 应用方向
全渠道接入	生成个性化回复模板，更好地提供针对性服务，从而提升客户满意度
机器人客服	根据大量的问答数据，生成智能问答库，实现快速、准确回答客户问题。提升客户沟通体验，改善问题回答的针对性和有效性
人工客服	根据客户需求和场景，为电话客服人员提供实时的话术
运营控制	通过实时分析服务过程中的数据，生成实时监控报告。帮助企业提高服务质量，优化服务流程和服务资源配置
工单处理	根据客户需求、客服能力和可用性等因素，生成智能分配策略。提高服务工单响应效率，优化客服资源利用率
资料中心	生成潜在销售线索分析报告与策略，提高销售线索的转化率
数据分析	根据大量的用户数据，生成用户行为预测报告。帮助企业了解用户需求，优化客户体验和满意度

（3）数字化办公

核心环节	ChatGPT 应用方向
流程管理	在一个新项目启动时，可以根据项目需求和历史经验自动生成流程规范建议，包括各阶段的任务分配、时间节点等
公文管理	当企业需要起草一份重要的报告时，可以根据提供的关键信息自动生成报告草案，包括报告结构、内容要点等

核心环节	ChatGPT 应用方向
信息管理	企业收到大量关于市场调查的原始数据，可以根据数据特点自动生成信息归类方案，将数据分门别类地存储在数据库中
任务管理	目标明确：通过分析历史项目数据，帮助制定更明确的目标，同时可以预测潜在的问题和风险； 优先级：自动分析任务的紧迫性和重要性，为任务分配更合适的优先级； 计划和分解：可以基于历史任务数据为相似的任务制订更有效的计划，同时将任务分解为可行的子任务； 时间管理：根据过往任务完成情况可以预测每个子任务的完成时间，并根据任务之间的依赖关系自动调整时间表

（4）信息化安全与策略

核心环节	ChatGPT 应用方向
合规审查	通过自然语言处理和模式识别技术，分析文本和数据，快速检查是否符合相关法规和政策，提高审核效率并降低人工审核的错误率
风险管理	通过风险建模和预测分析技术，对潜在风险进行量化评估和预测，提高评估精度并提前预警
组织管理	通过访问策略生成和自适应调整技术，智能生成并调整用户访问权限，提高安全性并降低人为错误风险
反馈修正机制	通过智能诊断和持续优化技术，分析系统运行情况，提出优化建议，提高改进效率并降低运维成本
安全事件监控	通过实时监控和异常检测技术，自动检测并报告安全事件，提高监控效率并降低漏报、误报风险
效果评估机制	通过数据分析和效果建模技术，量化评估安全措施的效果，提高评估准确性并优化安全措施
安全事件审计	通过审计自动化和深度分析技术，自动分析审计数据，提高审计效率并发现潜在问题
网络安全	通过流量模式识别和异常检测技术，实时监测网络流量并分析异常情况，提高流量分析效率并实现实时监控

核心环节	ChatGPT 应用方向
数据安全	通过数据泄露预测和防护策略生成技术，自动识别潜在泄露风险并生成防护策略，提高数据保护效果
设备安全	通过智能注册和自动验证技术，自动识别设备并完成注册，提高设备注册效率并减少人工操作
应用安全	通过模式识别和风险评估技术，自动分析应用程序的安全性，提高审核效率并准确识别风险应用
身份认证	通过生物识别和行为分析技术，对用户的生物特征和行为进行综合分析，提高认证准确性并降低被盗用风险

（5）新场景数字化服务

核心环节		ChatGPT 应用方向
产品设计	计划、确定项目	以新品设计和开发来源为例，通过分析大量的市场数据，挖掘潜在的消费者需求和市场趋势，帮助设计师更有针对性地进行产品设计，减少市场风险
	产品设计与开发	根据设计师的需求和输入，生成多个初步设计。根据产品的初步设计自动生成技术图纸和详细的设计方案。根据产品特性和市场需求，自动生成包装设计和规范
	过程设计与开发	以包装标准与规范为例，根据产品特性和市场需求，自动生成包装设计和规范，提高包装设计效率，同时保障产品质量
	产品和过程确认	以小批试制计划、样件校验分析为例，实时监控生产过程中的数据，对产品质量进行实时评估，及时发现和解决质量问题，为正式生产提供有力保障
	反馈、评定和纠正	以顾客满意度追踪、服务总结为例，根据收集到的满意度数据，生成服务改进报告，帮助企业提高客户满意度和产品口碑
交互设计	产品需求阶段	根据用户行为数据、市场调查和竞品分析，自动进行需求评估，为设计师提供更精确的需求行为分析结果。通过分析项目需求和相关数据，为设计师提供一份全面的设计规划

核心环节		ChatGPT 应用方向
交互设计	界面设计阶段	理解客户设计意图，为沟通人员提供实时话术支持和关联知识建议。根据用户需求和习惯，自动生成交互方案。根据设计规范和趋势，生成界面设计方案，同时识别设计缺陷，提供修改建议
	编程开发阶段	根据界面设计生成前端代码，提高开发效率，降低开发成本。根据业务逻辑生成后端代码，进一步提高开发效率，降低开发成本。进行全面测试，识别潜在问题，提供优化建议，提升产品质量
	市场运营阶段	通过智能用户行为分析，为产品提供精准化建议，提供跟踪服务。生成项目总结报告，包括分析数据、改进方向等，推动项目流程和资源配置的持续改进
平面设计	创意辅助	当企业开始设计时，可以根据客户需求自动转化设计对接单。同时辅助设计不同风格的方案，提升设计师创意水平
	设计生产	当设计师在设计时，可以根据需求直接生成多种风格和创意方案。对设计作品进行评估，提供修改建议后自动生成新稿并比较优劣
	后期制作	在制作阶段，可以根据项目具体情况生成报价单，并提供建议，优化执行成本
	整理总结	在完成设计后，可以使用结构化与非结构化资料的智能化统筹管理，识别、分类和整理客户的资料，方便后期查找和使用

（6）基础作业环节

核心环节	ChatGPT 应用方向
合同、电子签名	合同起草：根据企业需求和行业标准，自动识别关键信息并生成合同草稿，提高合同起草质量，节省企业起草合同所需的时间； 内部审核：自动分析合同内容，为业务部门审核合同提供有效建议，提高审核效率，降低合同执行的潜在风险； 修改及确认：可以基于已完成的合同审核意见及修改意见，确保合同完整，生成最终合同文档

（7）出海业务

核心环节	ChatGPT 应用方向
建站服务	生成个性化设计方案，提升目标市场用户的访问体验，增加访问量，提升品牌形象
数字营销	生成有针对性的多语言内容，发布到目标市场的网站和社交媒体平台，提高市场知名度，增加潜在客户，提升销售转化率
广告代理	分析广告目标和用户喜好，生成有吸引力的广告创意，提高广告的吸引力和影响力，增加品牌曝光度，提升广告投放的投资回报率
物流	分析国际物流状况，生成物流优化方案，执行物流优化方案，降低物流成本，提高物流效率，缩短客户等待时间
数据服务	分析不同国家的业务数据，生成报告和优化建议，助力企业发掘市场机会，提升经营效益
支付结算	分析各国支付方式，利用AIGC生成快速接入方案，实现跨境支付功能，提高支付便捷性，增强消费者支付意愿，提升企业收入
市场调研	分析目标市场的特点和需求，生成详细的市场分析报告，为企业制定有针对性的市场战略提供依据
客户支持	分析跨境客户需求，生成多语言客服支持方案，提高客户服务水平，增加客户满意度和忠诚度

（8）数据智能与治理

核心环节	ChatGPT 应用方向
数据架构管理	在数据分布关系整理中，通过自动识别数据分布，分析数据之间的关联性，帮助企业更好地理解其数据资源
数据质量管理	在质量整改与跟进环节，提供智能整改建议并跟踪执行情况，确保数据质量问题得到及时解决
数据资产管理	在数据资产的盘点与管理中，通过智能盘点与管理技术，自动识别、分类、评估数据资产，提高数据资产的利用效率
元数据管理	在元数据的采集与智能分类识别中，自动采集元数据，并通过智能识别技术对元数据进行分类和归档

核心环节	ChatGPT应用方向
数据生命周期管理	在智能数据处理与存储管理中，自动处理数据的采集、整合、清洗等环节，并根据数据特征选择合适的存储方式
数据存储工具	在自动选择合适的数据存储方式中，通过分析数据特征，自动为企业选择最佳的分布式、关系型或非关系型存储方案
AI计算支撑工具	在自动生成知识图谱与机器学习模型中，根据业务需求和数据特征，自动生成合适的知识图谱和机器学习模型
数据分析应用工具	在自动生成可视化报表与图表中，通过对数据进行智能分析，自动生成直观易懂的统计报表和图文报告
数据监控与预警	在自动生成数据监控与预警任务中，通过对数据质量、性能、安全等方面的监控，自动生成安全预警，及时发现和解决潜在问题
数据治理自动化	在数据治理任务自动化中，根据企业的数据治理需求和策略，自动生成有针对性的数据治理任务，提高数据治理效率

（9）文档及知识管理

核心环节	ChatGPT应用方向
构建企业知识库	利用自然语言处理技术，理解用户需求，为用户提供智能知识检索与推荐服务
知识互动	作为虚拟助手，在协作平台上协助员工解决问题，提供信息与建议，促进交流
知识数据归类管理	自动为知识文档生成分类标签，降低人工成本
评估知识资产状况	分析知识资产的贡献与影响，评估其价值并预测未来发展趋势
创建知识地图	监控知识库变化，自动更新知识地图，确保信息的准确性与实时性
构建知识权限体系	根据员工的角色与需求，自动分配合适的知识库访问权限
知识版本管理	定期检查知识库内容，自动识别过时知识，更新为最新信息

核心环节	ChatGPT 应用方向
知识查询	根据用户反馈与查询历史，自动优化查询结果，提高检索效率与准确性
个性化推荐	分析员工的需求与背景，为员工推荐个性化的培训与发展计划
知识挖掘	根据分析结果与已有知识，自动生成新的知识报告，提高企业的知识创新能力
知识共享协同	分析员工的贡献与需求，为企业设计合适的知识共享激励与奖励方案，提高员工积极性
知识资产沉淀	分析知识库内容，自动识别重复或冗余信息，整合高质量知识资产

（10）供应链与生产（ERP）

核心环节		ChatGPT 应用方向
ERP	产品开发	以物料建档为例，在产品开发时，可以自动分析和提取物料的相关数据，生成物料信息和参数配置，提高物料建档效率和准确性
	生产计划	通过对生产数据和历史记录的分析，自动生成生产计划和资源优化方案，包括各阶段的任务分配、时间节点等。
	销售管理	例如，与客户沟通时，可以自动分析客户数据，生成客户关系优化建议和档案更新，提高客户满意度，提高客户关系管理水平
	采购管理	在物料采购过程中，可以自动评估供应商的绩效和风险，生成供应商优化建议，提高供应商管理效率，降低采购风险，优化供应链合作
	车间管理	以工序检验管理为例，在车间生产中，能够自动分析工序检验数据，生成工序检验结果和改进建议，提高工序检验管理效率
	仓库管理	在进行库存盘点与分类管理时，自动对库存进行盘点和分类，生成库存盘点结果和优化建议，提高库存管理效率，优化库存结构
	财务管理	例如，在进行成本管理时，可以自动分析成本数据，生成成本分析报告和优化建议，提高成本管理效率，降低企业成本，提高盈利能力
MES	产品和工艺管理	在进行产品设计时，可以分析历史设计数据和市场需求，为设计师提供改进建议；在进行工艺规划时，可以对生产线进行仿真，生成工艺优化方案，提高生产效率

核心环节		ChatGPT 应用方向
MES	计划调度管理	根据订单需求、资源和设备状况，生成智能生产计划调度方案，提高生产调度效率，降低生产延误。同时可以实时监控设备数据，生成实时监控预警信息，降低损失
	生产质量管理	在生产质量检测时，通过图像识别、传感器数据分析等技术，生成智能检测方案，自动生成产品追溯记录，从而进行产品质量追溯，提高追溯效率，降低风险
	物料、物流管理	根据历史数据和市场趋势，生成智能需求预测方案，提高物料、物流利用率
	车间设备维护管理	在车间设备维护中，可以通过分析设备数据，生成智能故障诊断和预警方案，同时根据设备状况和使用历史，生成智能维护计划制定方案，降低维护成本
	库房管理功能	实时监控库存状况，生成库存管理优化建议，提高库存周转率，降低库存成本。通过自动化识别和记录货物信息，生成出入库管理方案，提高出入库效率
	可视化管理	根据生产线上的实时数据，生成智能可视化界面设计方案，使管理人员能够直观地了解生产过程，提高生产过程的透明度，方便管理

（11）信息化系统建设（软件开发）

核心环节	ChatGPT 应用方向
项目分析	根据项目需求和历史数据，自动生成项目进度计划、人员分配、预算估算等。同时可以从用户提供的需求文档中自动提取关键信息，生成需求分析报告
概要设计	根据需求分析结果，自动为系统架构、模块划分和接口设计提供合理建议，从而优化系统设计，减少设计缺陷，提高模块间的协同性能
详细设计	根据概要设计结果，自动生成主要的数据结构的设计草稿。帮助企业降低设计错误率，提高设计质量，缩短设计周期
软件编码	根据详细设计结果，生成源代码草稿，并自动编写源代码注释和文档，提高编码效率，降低编码错误，优化代码质量和可读性

核心环节	ChatGPT 应用方向
软件测试	根据软件功能和性能需求，自动生成测试用例和测试脚本。以提高测试覆盖率，降低测试成本，提高测试质量
软件部署	根据系统配置和部署环境，自动进行系统部署，自动生成数据库数据字典、安装手册等，从而提高部署效率，减少部署错误，提高用户满意度
软件验收	辅助进行实际操作测试，自动记录测试结果并生成验收报告。帮助企业提高验收效率，提高验收质量，提高客户满意度
软件维护	辅助进行故障诊断，并给出系统优化建议和安全更新方案。帮助企业提高维护效率，减少故障发生率，提高系统稳定性
软件升级	通过分析新的用户需求，自动为功能拓展和系统升级提供合理建议，提高软件升级效率，优化升级质量，满足用户需求变化

（12）财税管理

核心环节	ChatGPT 应用方向
费控	自动审批报销流程，识别并生成费用流程，自动生成费用报销单，进行差旅报销，提高流程效率，降低人工成本和错误率
代记账	自动生成会计分录和报表，自动监控财务数据质量，辅助完成资质认证流程，提高财务数据的质量，减轻企业管理负担
发票管理	根据费用明细自动生成发票采集流程、电子发票开票流程、票据合规检查流程，进行发票管理，以提高发票管理效率，确保发票合规
税务管理	分析税务数据，自动识别潜在风险并生成税务风控检查流程，提供风险提示和预防建议
预算管理	监控实际支出与预算的偏差，自动生成预算控制报表
资金管理	分析资金来源和用途，自动生成资金管理报表；分析资金风险因素，自动生成资金风险管理报告
财务管理	自动生成相关报表，并基于相关数据提出流程优化建议

核心环节	ChatGPT 应用方向
招聘	以筛选简历阶段为例，可以分析各个候选人的简历，生成匹配结果报告，并根据公司需求智能推荐合适的候选人。大幅提高筛选的准确性和效率，减轻人力资源部门的工作负担
评测	生成岗位能力模型和分析报告，帮助HR更好地理解岗位需求。提高岗位配置的准确性，为招聘和培训提供有针对性的建议
入职	根据岗位等信息，自动生成合同内容和格式，减轻HR在合同管理方面的负担。提高合同管理效率，确保合同内容准确无误
人事	以试用管理环节为例，可以自动生成试用期评估报告和管理策略，帮助HR及时了解员工试用期表现。提高试用期管理效果，为员工正式转正或解除劳动关系提供依据
考勤	以排班管理为例，可以根据岗位需求及员工需求，生成排班优化方案，使员工的工作时间更合理。提高排班效果和效率，提升员工满意度和工作效能
薪酬	以奖励分配环节为例，可以生成奖励分配策略和方案，确保奖励的公平、合理。提高激励方案的公平性和效果，增强员工的工作积极性
目标绩效	根据项目进程可以生成项目绩效评估报告并进行项目考核，使公司对项目的绩效有更准确的了解，从而提高项目考核的准确性和效率，为公司决策提供有力支持
学习	以学习阶段为例，根据岗位特征生成个性化学习内容和路径，并进行考核，使员工的培训更具针对性，并记入培训档案。提高学习效果和效率，有助于员工能力的提升和发展
盘点、继任	可以针对不同岗位生成继任计划进行人才校准，并为不同岗位生成有针对性的人才发展路径，为公司内部人才储备提供指导
离职	对离职交接进行管理，包括岗位权限、文件资料等，并记入离职库统一管理，提高员工离职交接效率
众包平台	基于大模型进行招聘广告优化，吸引更多优质候选人。根据员工技能、经验和项目需求匹配，缩短匹配时间，提高匹配准确性
灵活用工平台	自动生成任务描述，提高发布质量。提高任务发布效率，提升任务完成率。同时能够自动生成合同并根据需要调整合同条款，降低法律风险

核心环节	ChatGPT 应用方向
项目、业务外包	生成技能需求分析与智能推荐技能互补的团队组合
人员招聘	为不同行业和岗位定制招聘广告,根据岗位需求分析,生成更具针对性的招聘广告;针对实习生特点优化招聘广告和筛选标准
劳动力管理	优化排班计划,预测未来劳动力需求
人事管理	自动化处理基础人事、档案服务等人事事务。提高人事处理效率,减轻工作负担,降低人力成本
权益保障	根据员工个人需求,为员工推荐定制保险方案,满足个人保险需求。提高保险购买效率,降低风险,提升员工满意度
薪税合规	生成风险评估报告,帮助企业识别潜在风险。提高风险管理效果,降低企业风险,保障企业稳定发展

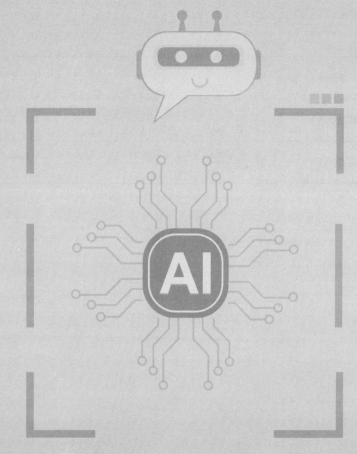
ChatGPT

第3章
ChatGPT
是如何炼成的?

　　本章主要介绍ChatGPT是如何产生的，我们首先专注于ChatGPT的公司OpenAI，研究OpenAI的创业历史、研发人员、产品架构、商业模式、组织构成，向读者全面展示这一家初创公司是如何从0到1，从小到大的；接着回到ChatGPT产品本身，从产品视角和技术视角进行深入剖析，再从竞争的视角，看看OpenAI是如何在与谷歌这样的巨头竞争中胜出的；最后从不同维度阐释ChatGPT产出给我们带来了什么样的启示。

3.1
OpenAI是谁？

OpenAI是目前全球最受关注的人工智能公司，这家成立不到10年（2015年成立）的公司，是如何让美国最有资源的四大科技巨头——谷歌（手机、地图、搜索、邮件）、Facebook（社交）、苹果（手机）、亚马逊（购物）措手不及的？

这里从OpenAI的发展历史、创始人、团队、组织架构、创业方法、股权结构等不同角度，力争向读者呈现出一个多元化的OpenAI。

3.1.1 创业秘史

（1）安全的人工智能

2015年7月，刚接任硅谷著名孵化器 Y Combinator总裁一年多的山姆·阿尔特曼（Sam Altman）组织了一场晚宴，晚宴的讨论主题是"坏的人工智能"。

那时候，谷歌以6亿美元收购了行业最顶尖人工智能研究机构DeepMind，并把"Don't Be Evil"（不作恶）作为了座右铭。此时的AlphaGo还没成为全球围棋冠军，但无论是召集人阿尔特曼，还是参加晚宴的特斯拉创始人埃隆·马斯克（Elon Musk），都认为人类必须为人工智能的到来提前做好准备。

阿尔特曼和马斯克不是要限制AI发展，而是要推动开发造福全人类的人工智能，让每个人都用上人工智能，并去对抗坏的人工智能，所以"安全的通用人工智能（AGI）"成为了OpenAI的创立愿景。

晚宴后，OpenAI的另一位发起人，也是OpenAI的董事长，硅谷独角兽Stripe前CTO 格雷格·布罗克曼（Greg Brockman）开始四处挖人。他首先将目标瞄准了2018年获得图灵奖的神经网络三巨头——约书亚·本吉奥（Yoshua Bengio）、杰弗里·辛顿（Geoffrey Hinton）、杨立昆（Yann LeCun）。辛顿当时在谷歌，杨立昆在META，年纪都比较大，不大可能全职创业，而本吉奥主要在学术界活动，对产业界没多大兴趣，但是，本吉奥给布罗克曼罗列了当时全球深度学习领域顶级研究人员的名单。同时，辛顿的学生、在2012年参与提出著名的AlexNet模型、当时谷歌大脑项目的负责人伊利亚·苏茨克沃也在邀约之列。

之后，在加州大学伯克利分校读博士的约翰·舒尔曼（John Schulman）加入OpenAI，他开发的强化学习被称作ChatGPT的秘密武器。师从著名人工智能学者李飞飞的斯坦福大学博士安德烈·卡帕斯（Andrej Karpathy）及师从杨立昆的波兰科学家沃伊切赫·扎伦巴（Wojciech Zaremba）也加入进来。

就这样，在2015年年底的世界顶级的人工智能学术会议NeurIPS（当时还叫NIPS）举办期间，OpenAI带着10亿美元的"投资承诺"宣告成立，目标是开发"通用人工智能"技术，专利和研究成果全部开放。

OpenAI的第一批投资者，包括埃隆·马斯克、彼得·蒂尔（Peter Thiel，PayPal和Clarium Capital Management资产管理公司创始人）、山姆·阿尔特曼、里德·霍夫曼（Reid Hoffman，LinkedIn联合创始人，被誉为硅谷人脉之王）和杰西卡·利文斯顿（Jessica Livingston，Y Combinator的创始合伙人）。

（2）技术选择

在成立的前三年，OpenAI的发展方式更多是试错，不同团队朝不同领域探索，最终选出最有可能做出通用人工智能的项目。最终OpenAI选择了三个方向，一个是机器人，一个是游戏，一个是语言模型。

2016年，主流深度学习路线是监督式学习，核心是对数据进行标注，但当时的OpenAI既没有大规模的数据，也没有足够的人去标注数据，所以采用了非监督式的路线。此外，OpenAI在试错过程中发现，实现AGI（artificial general intelligence，人工通用智能），理解和预测是有关联的，好的预测需要一定程度的理解，这个原则歪打正着与开发语言模型上一脉相承。基于以上认知，OpenAI逐步将精力和关注点聚焦在语言模型上，尽管当时市场主流认知认为语言模型不是通往AGI的道路，当时谷歌DeepMind的AlphaGo击败了围棋顶级选手李世石，风头正盛。

2017年，Transformer横空出世，彻底抛弃了主流的CNN/RNN等网络结构，实现了自然语言处理与计算机视觉技术路线的统一。OpenAI迅速且坚定地选择了Transformer路线，尽管当时占据人工智能主流的计算机视觉技术圈对此路线不以为然。

2018年，在坚持研发安全的人工智能原则下，OpenAI想让模型更符合人类偏好，因此起初应用在游戏和机器人上的强化学习方法，也被引到了语言模型上，而在当时市场主流认知认为强化学习的效率非常低。

2019年，谷歌发布了基于理解式路线的BERT模型，BERT在阅读理解、对话等多个文本任务上的表现超过人类。当时市场主流认知认为谷歌的BERT代表着未来，而OpenAI基于生成式路线的GPT只是过渡性技术。对谷歌而言，训练大语言模型只是人工智能研究院的一个项目，而对于OpenAI而言，没有追随BERT大流，而是坚持大语言模型GPT，而且是优先级最高的事项，所有顶级科学家都参与其中。

2020年，OpenAI团队思考和意识到了数据和算力对大模型的影响，提出了规模定律（scaling law，模型越大、数据越多、算力越充足，模型性能会指数级爆发），并投入足够的数据和算力资源到GPT-3。当时市场主流认知认为AI进步主要来自算法创新。

2021年，在强调安全和使用无监督强化学习情况下，OpenAI在GPT-3之后引入了人的反馈，让大语言模型能推断出用户的意图。当时市场主流认知认为大模型更加智能，人的反馈是多此一举，而且违背了无监督学习的原教旨。

（3）自我造血 🔲 〉

由于OpenAI成立之初的非营利性质，其所有资金都来自初期的投资。到2017年，OpenAI光花在云计算上的钱都有790万美元，而此后训练大模型消耗的计算资源，每三四个月还会翻一倍，花费是一个天文数字。而OpenAI投资人在2015年底承诺的10亿美元资金，只到账了一小部分。OpenAI创始团队意识到，保持非营利性质是无法让组织持续运营的。

当时发生了一个大变故，马斯克在2018年初召开了一次会议，他认为OpenAI发展速度过慢，已严重落后于谷歌，马斯克想要将OpenAI并入特斯拉，自己亲自运行。但这个提议遭到了包括阿尔特曼和布罗克曼在内的拒绝，他们认为AGI是一个长期竞赛，希望以安全第一为原则，而非速度，而且当时马斯克已被特斯拉搞得焦头烂额，特斯拉被市场疯狂做空，被质疑很快就要破产了。

很快，马斯克决定退出OpenAI，并取消了原定的资助计划，对外宣称是避免和特斯拉经营产生冲突，并继续为这家非营利机构捐款并担任顾问（备注：马斯克在2023年7月另起炉灶，自己亲自创立了xAI公司，对标OpenAI）。

为了解决资金问题，2019年3月，阿尔特曼卸任YCombinator总裁转为董事长，同时出任OpenAI的CEO，将更多精力集中在OpenAI上（2018年之前，阿尔特曼在OpenAI只是一个董事的职位，CEO一直是布罗克曼，阿尔特曼很大的一部分时间还在管理和孵化YCombinator的创业项目）。

在阿尔特曼的推动下，OpenAI成立了一个受限制的营利实体"OpenAI LP"，将OpenAI打造为一个营利性和非营利性的混合体。

根据这个设计，如果OpenAI能够成功完成"确保AGI造福全人类"的使命，那么投资者和员工可以获得一个有上限的回报。OpenAI营利实体受到董事会监督，其任何超额回报都将捐给其非营利实体所有。

在新的投资框架下，OpenAI获得了Reid Hoffman慈善基金及Khosla Ventures风险的Pre-种子轮投资。4个月后（2019年7月），OpenAI接受了微软10亿美元的战略投资，当时比尔·盖茨对投资OpenAI一直持有怀疑态度，但在微软CEO萨提亚·纳德拉（Satya Nadella）的押宝下，这次交易才达成。

这10亿美金为之后ChatGPT的产品推出提供了充足的算力保障。10亿美元中大部分以微软的Azure云服务积分的形式兑现，没太用额外的现金。OpenAI主要可以免费使用微软的云服务来训练和运行AI模型（之前OpenAI是谷歌云最大的客户），而同时OpenAI产品也开始排他性地赋能微软的业务。

2020年，OpenAI在完成种子轮融资后，于5月推出了GPT-3，同期微软宣布在其Azure云平台中投资了超级计算机，用于OpenAI GPT的训练。

（4）先见之明

2016年8月，英伟达老板黄仁勋（业界称为"黄教主"）把全球第一台轻量化小型超级计算机DGX-1捐赠给了成立还不到一年的OpenAI团队。据悉，英伟达投入了3000人、花了3年时间、总计耗资25亿美金，才研发出DGX-1。

当时，黄教主手里积压了100多家公司订购DGX-1的订单，他却把第一台捐给了OpenAI。捐赠仪式上，黄教主拿出记号笔，在机箱上激动地写下了一句话："为了计算和人类的未来，我捐出世界上第一台DGX-1。"

时任OpenAI联合创始人马斯克见证了捐赠仪式，专门发推文感谢了黄教主，DGX-1让OpenAI的训练时间，从1年缩短至了1个月。

在DGX-1的助力下，6年后（2022年），OpenAI推出了ChatGPT，并实现GPT从3.5向4.0的创新迭代。黄教主一路见证了这家初创公司的成长，作为算力提供者的英伟达也搭载上了高速发展的AIGC浪潮。

从当时看，将一台价值12.9万美金的超级计算机DGX-1捐给一家名不见经传的初创公司，是一笔亏本的买卖，但正是因为这一举动，换来了英伟达之后的大爆发。

如今，英伟达A100、H100等GPU被哄抢，世界100强公司有一半都安装了英伟达的超级计算机，英伟达市值已上万亿美金。

（5）启示

对OpenAI的发展历史抽丝剥茧，特别是通过一些关键事件的分析，至少有以下几点启示。

第一，对AGI的笃定和坚持，这是一个伟大的使命和愿景，正因为伟大，才能吸引到全球顶级的AI人才。在OpenAI的发展过程中，它比任何一家公司都更强调和坚持安全，所以有了强化学习，有了人的反馈机制，这也成为了ChatGPT的秘密武器，所以OpenAI是真正的不忘初心。

第二，从OpenAI发展历程看，每一年OpenAI都会面临重大技术决策，有些可能是生死问题（比如押宝开发语言模型等），而且都是违背当时市场主流认知的。我觉得背后原因一方面是OpenAI的人才密度非常高，很多都是技术领域的带头人，另外一方面是受坚持使命的愿景驱动。

第三，在介于商业化自我造血和坚持初心为社会做贡献之间，OpenAI做好了平衡和取舍。既要坚持初心又要活下去，OpenAI找到了一个好的方式，或许可以被之后其他创新公司所效仿。

第四，ChatGPT和它的基础大模型GPT-3建立在行业多年的技术积累上，很多技术并不是首创，Transformer来源于谷歌，非监督学习和人类反馈强化学习训练方式出自DeepMind（被谷歌收购），可以说是站在巨人的肩膀上。OpenAI做的是将各种技术要素融合在一起，通过工程学方法，持续迭代多年，最终找到了一个适合给大众使用的产品形态。可以说ChatGPT可能不是科学突破，但肯定是一个成功的工程化产品。

3.1.2　科技领袖

本篇聚焦在OpenAI的高管团队，他们分别是CEO山姆·阿尔特曼、总裁兼董事长格雷格·布罗克曼、首席科学家伊尔亚·苏茨克维、CTO米拉·穆拉蒂。

（1）天才投资人

在ChatGPT火爆之前，很多人都没听说过OpenAI的CEO山姆·阿尔特曼的名字。虽然阿尔特曼的知名度远不如马斯克这样的商业领袖，但在ChatGPT推出前，阿尔特曼已经是一个成功的天使投资人。

1985年，阿尔特曼出生在一个犹太家庭，20岁（2005年）从斯坦福大学计算机系辍学，进入硅谷孵化器Y Combinator的首批孵化项目，创立了一家名为Loopt的社交网络公司，拿到五轮融资；24岁（2009年）以4300万美元将公司卖掉，获得第一桶金500万美元；26岁（2011年）在Y Combinator兼职，其间创立了自己的风投基金，筹集了约2100万美元；29岁（2014年）从Y Combinator创始人保罗·格雷厄姆（Paul Graham）手中接管Y Combinator，成为总裁；30岁（2015年）与马斯克等人联手创办OpenAI，跻身全球顶尖创业者之列。

阿尔特曼很善于投资，有自己的一套策略和打法。在OpenAI之前，阿尔特曼已经主导投资了113个项目。Y Combinator创始人在碰到危机时，会首先给顾问阿尔特曼打电话。阿尔特曼具有先见能力，又善于简洁表达。阿尔特曼非常渴望通过深度科技领域创造数万亿美元的经济价值，这些领域成功可能性很小，但潜在回报可能很大。阿尔特曼被称为"创业尤达大师"，他是一个天分极高、极其聪明、忠于自我、追求极致效率的人。

他在工作上，对自己和对同事都很苛刻，要求非常高，性格也比较冷漠偏执。同时，他对不感兴趣的事情和人都超级没有耐心，会在员工讲话的时候毫不眨眼地盯着对方，给对方施压以加快速度。阿尔特曼的极度高效、极度勤奋和极度聪明，这一点和马斯克、乔布斯挺像。但阿尔特曼的最大优势是在于清晰的思路和对复杂系统的直觉把握，也就是商业战略和野心。他对技术细节并不感兴趣，让他最着迷的是技术对世界的潜在影响。阿尔特曼的这种能力其实对于科技创业非常关键，这也许是为什么保罗·格雷厄姆在选 Y Combinator 继承人的时候出人意料地选了阿尔特曼。

（2）关键先生

除了经常出现在大众视野里的阿尔特曼，事实上，OpenAI背后还有一位关键先生——格雷格·布罗克曼。

布罗克曼也拥有非常有趣的经历。2008年，布罗克曼进入哈佛攻读数学和计算机专业，因为感觉在这里学不到太多知识，两年后（2010年）转学到麻省理工学院就读计算机科学，之后辍学。此后，布罗克曼作为第4号员工加入了一家名不见经传的初创公司Stripe担任CTO，见证了这家公司从4人扩大到450人，业务遍布四大洲，成长为估值950亿美元的线上支付巨头。

随后Stripe的CEO约翰·克里森（Jon Collison）向布罗克曼引荐Stripe最早期投资人，也就是时任Y Combinator总裁的阿尔特曼，两人通话5分钟就一拍而合，成为了共谋事业的伙伴。

"有什么需要，我都可以帮忙，我是来解决问题的"，这是布罗克曼对于自己在OpenAI的定位。

布罗克曼是ChatGPT产品化的第一推手。作为OpenAI总裁，布罗克曼没有直接的下属，他更像是一个流动员工，在不同的团队之间游走，目的是让AI技术变为可落地的产品。

在OpenAI刚成立的第2年（2017年），布罗克曼担心被谷歌旗下的DeepMind甩在身后，带头发起了一项计划，期望开发出一个可以玩复杂游戏DOTA2的产品OpenAI Five，也期望借此让OpenAI的研究人员和工程师协作起来。

因为这两个不同角色的团队经常意见不合，工程师团队认为研究人员的贡献不重要，而研究人员则认为工程师更多的是技术人员而不是真正的科学家。为此，布罗克曼亲自领导，让这两个团队打破僵局不断磨合。

经过几个月的通宵工作，他们在游戏中取得了初步成功。2019年初，OpenAI Five击败了世界上DOTA2游戏最高阶人类玩家，引起了游戏和技术界的轰动。游戏项目成为了之后ChatGPT项目的模仿范本，也帮助布罗克曼成为OpenAI的AIGC开发的关键人物。

（3）志同道合

伊尔亚·苏茨克维是OpenAI的联合创始人和首席科学家，1985年出生在苏联，曾就读于多伦多大学，跟随杰弗里·辛顿（Geoff Hinton）研究神经网络，从本科生到硕士生、博士生，十年如一日。2012年，苏茨克维、亚历克斯·克居切夫斯基（Alex Krizhevsky）和导师辛顿师徒三人设计的深度神经网络AlexNet在ImageNet比赛中取得了冠军，之后AlexNet以4400万美金拍卖给谷歌。财务自由后，苏茨克维先后就职于斯坦福大学、DNNResearch和Google Brain，是人工智能领域当之无愧的技术大拿。

在谷歌得知苏茨克维想要加入OpenAI时，将其薪资提高到了190万美元，是OpenAI要付给他的两三倍。不过在深思熟虑之下，苏茨克维因OpenAI愿景所吸引，放弃了谷歌百万美元的高薪，在OpenAI官宣成立的最后一刻，以首席科学家身份加入了OpenAI。2022年，他入选英国皇家科学学会院士。

而另外一位硅谷最受瞩目的女性CTO米拉·穆拉蒂（Mira Murati），于2018年（30岁）加入OpenAI成为副总裁，2022年（34岁）担任OpenAI的CTO。

穆拉蒂出生于阿尔巴尼亚，毕业后先后供职于高盛、卓达宇航、特斯拉、Leap Motion等企业，曾作为高级产品经理，参与特斯拉Model X的产品设计、开发和发布。穆拉蒂热衷于利用技术对世界产生积极影响，30岁时加入了OpenAI，作为科技领域少有的女性，短短5年时间，她主导了ChatGPT和Dall·E项目的开发，推动了ChatGPT向公众开放测试，并倡导对人工智能进行监管。

穆拉蒂热衷于技术，在加入OpenAI的前期非常低调，直到ChatGPT问世，她才逐步走向前台，网上能查到关于她所从事工作的信息，却很少能找到关于她的任何个人信息。

左起：阿尔特曼；穆拉蒂；布罗克曼；苏茨克维

就是这4个人，组成了OpenAI的管理天团，他们也是惊艳世界的科技领袖。

（4）启示

分析OpenAI的高管团队，可以给他们打上这些标签：年轻、聪明、抱负、坚定不移、精通AI、技术狂、致力于改变世界、崇尚创业……

这4个人都是业界名人，能够聚集在一起，拧成一股绳一起发力，核心是相同的做事理念和价值观。他们从事物的本质出发进行思考，而非一味地照搬他人的做法，同时对AI行业有深刻的认识，相信这个领域的爆发只是时间问题，而且大家的执行力都很强。

此外，他们的文化背景是如此的多元，这意味着OpenAI从成立之初，就是一家国际化的公司，是能够吸引到全球顶级人才的公司。

此外，千万不要因为他们年轻，就产生一种错觉，认为这群人都是天才。实际上，通过他们每个人的经历，可以得知他们都有很深的积累和贡献，苏茨克维和穆拉蒂的技术背景、布罗克曼的人脉资源、阿尔特曼的投资天赋，让他们组成了一个非常强大且互补的天团，结合着很多异于常人的认知，所以有了OpenAI。

有关OpenAI的介绍和采访很多，有兴趣的读者可以搜索，或许对自身发展会有很大启发。

3.1.3　AI梦之队

OpenAI只有300多名员工，其中直接参与ChatGPT项目研发的人员更不足百人，区区百人规模是如何打造出ChatGPT这样的产品？这里从人才结构和项目管理方式进行分析。

（1）团队画像

OpenAI官网显示，为ChatGPT项目作出贡献的人员共87人，其中有77名研发人员和4位产品人员，该团队的平均年龄为32岁。

从人才来源看，有10人从谷歌（包括DeepMind）加入，其他人则来自Facebook、Stripe、Uber、Quora、英伟达、微软、Dropbox等知名科技公司。他们绝大部分拥有全球顶尖高校的学位，其中本、硕、博人数相对均衡，各占三分之一。

校友最多的前5所高校分别是斯坦福大学（14人）、加州大学伯克利分校（10人）、麻省理工学院（7人）、剑桥大学（5人）、哈佛大学（4人）和佐治亚理工学院（4人）。

另外，该团队有3人是清华大学校友，他们本科在清华大学就读，目前均在团队担任研发工程师一职。表3.1是ChatGPT团队成员毕业人数前10名的高校。

表3.1　ChatGPT团队成员毕业人数前10名高校

排名	毕业高校		校友人数（人）
1	Stanford University	[美]斯坦福大学	14
2	Berkeley UNIVERSITY OF CALIFORNIA	[美]加州大学伯克利分校	10
3	MIT Massachusetts Institute of Technology	[美]麻省理工学院	7
4	UNIVERSITY OF CAMBRIDGE	[英]剑桥大学	5

排名	毕业高校		校友人数（人）
5	HARVARD UNIVERSITY	[美]哈佛大学	4
6	Georgia Tech	[美]佐治亚理工学院	4
7	Carnegie Mellon University	[美]卡内基梅隆大学	3
8	清華大學 Tsinghua University	[中]清华大学	3
9	RICE	[美]莱斯大学	2
10	UNIVERSITY OF WARSAW	[波]华沙大学	2

从以上人才画像可以看到，ChatGPT 主要以研发人才为主，人才起点很高，行业经验丰富。而华人学者也是 ChatGPT 研究团队中重要的科技创新力量，占比近 10%，ChatGPT 团队中的华人成员见表 3.2。

表3.2　ChatGPT团队中的华人成员

姓名	职务	毕业院校	工作单位 （按时间顺序排列）
翁家翌	研发工程师	学士：清华大学 硕士：卡内基梅隆大学	OpenAI
赵盛佳	研发工程师 （MTS）	学士：清华大学 博士：斯坦福大学	OpenAI
江旭	研发工程师 （MTS）	学士：华中科技大学 博士：马里兰大学帕克分校	Mythic、OpenAI
袁启明	研发工程师	学士：清华大学 硕士：得克萨斯大学奥斯汀分校	Dropbox、OpenAI
翁丽莲	AI 应用 研究经理	学士：北京大学、香港大学 博士：印第安纳大学伯明顿分校	Dropbox、Affirm、 OpenAI

姓名	职务	毕业院校	工作单位（按时间顺序排列）
肖凯	深度学习研究员	学士：麻省理工学院 博士：麻省理工学院	OpenAI
Steph Lin	研究员	学士：麻省理工学院 硕士：佐治亚理工学院	牛津大学（人类未来研究所）、OpenAI
欧阳龙	高级研究员	学士：哈佛大学 博士：斯坦福大学	Self-Employed、OpenAI
张马文	信息缺失	博士：加州大学伯克利分校	加州大学伯克利分校、OpenAI

（2）AI顶尖学者

国内咨询机构AMiner每年都会评出"AI 2000 全球人工智能学者"名单，即评选出全球人工智能20个细分领域前100名最具影响力的学者。

2023年，ChatGPT团队成员有5人入选"AI 2000全球人工智能学者"，他们分别是OpenAI联合创始人Wojciech Zaremba（机器人，第10名）；ChatGPT研究员Lukasz Kaiser（机器学习，第10名）；OpenAI联合创始人ChatGPT研究科学家John Schulman（机器学习，第41名）；ChatGPT研发工程师Tomer Kaftan（数据库，第52名）；ChatGPT研究科学家Barret Zoph（机器学习，第95名）。

在参与ChatGPT项目不足百人的团队中，有5人是全球人工智能领域的顶尖学者，其中2人为OpenAI联合创始人，2人分别被评为机器人（Wojciech Zaremba，OpenAI联合创始人）和机器学习（Lukasz Kaiser，ChatGPT研究员）领域最具影响力的学者。

（3）项目管理

在3.1.1小节OpenAI创业史中，提到了OpenAI每年都会经历一个重大的技术路线选择，而这背后也进一步展示了OpenAI的项目管理方式，即类似"赛马机制"，在既定技术大方向上，通过逐步迭代找到细化方向，再聚焦落地，同时，在竞争中不断发展和壮大自己。

首先，OpenAI所有的项目都是坚持AGI，这个技术大方向是不变的。起初的探索天马行空，成立2年时间内不断试错和迭代，才逐步聚焦在大语言模型及各类预训练生成模型上。随着研发方向越来越聚焦，开始利用多类型数据来探索和加强训练，然后直到近2年又加强了对生成式模型的探索和发展，最终找到ChatGPT这个落地的产品。

其次，与谷歌的竞争是OpenAI最为重要的发展因素。谷歌推出了Transformer、BERT、T5、LaMDA、Switch Transformer，OpenAI也不断推出了GPT-1、GPT-2、GPT-3、DALL-E、Codex、InstructGPT、ChatGPT。正是因为有强大竞争对手的牵引，才能让OpenAI不断推出具有颠覆性的产品。敢于叫板巨头，让OpenAI在业界和学术界的名声和影响越来越大，也进一步说明这个平均年龄为32岁的、不到百人的团队和巨头竞争的勇气及超强的战斗力。

最后，在竞争中壮大队伍。OpenAI从谷歌、Meta、苹果等公司引入了大量AI研究人员，OpenAI的项目吸引了大规模深度学习、强化学习、生成式学习、半监督学习及特定方法（如稀疏模型）方面的顶尖研究人员，部分顶尖人员从再贡献者逐步成为全职人员。他们的加入是出于对AGI技术发展路线的向往，期望推出伟大产品来成就自己。

此外，还需要指出的是，ChatGPT不是一蹴而就的。在ChatGPT前，团队成员大部分都参与过与ChatGPT相关的7个技术项目，包括RLHF、GPT-1、GPT-2、GPT-3、CodeX、InstructGPT、webGPT，已经在这个细化方向上积累了很多开发经验。

（4）启示 🤖

伟大产品背后必然有一支强大的研发团队。打开潘多拉魔盒的关键是ChatGPT的AI梦之队，年轻、专业、技术、勇气是他们最明显的标签。

除了非常高的人才的尖度和厚度，OpenAI还有一套非常好的开发框架、管理流程及组织保障（包括分配制度），能确保这群人能够有效分工、共同协作。首先，使命、愿景背后伟大的事业能吸引到他们；然后在工作过程中，敢于跟全球巨头叫板，虽然很有挑战，但是也能激发团队志气，然后以谷歌为标杆，激发自己不断成长；最后OpenAI一定有很好的利益分配制度，形成一个激励的闭环。随着OpenAI影响力的提升，就如同滚雪球一般越来越大，越来越多的有识之士愿意加入到OpenAI。

3.1.4　少年壮志不言愁

本节主要分享OpenAI的人才策略。

> **（1）人才吸引三板斧**

顶尖人才的发展路径，无外乎两个方向：第一是创业，但创业的风险很大，投入很大；第二是选择加入优秀企业，与企业一起成长，在这个过程中，实现自我价值、自我抱负。

对一家企业来说，同样需要树立一个远大的抱负，也就是一个愿景，即这个企业最终会发展成什么样，会是什么一个图景；其次，这个愿景需要与员工个人的愿景统一起来，才会对员工具有吸引力，才能调动员工的激情。

除了公司自身的发展之外，对于顶级人才，往往还会有更多的使命感，这个使命感超越了让企业挣到钱，而更多的是站在社会发展和人类发展的角度，考虑为人类社会做出什么样的贡献。所以除了愿景之外，企业还需要设立一个使命，使命大多数是利他的。

在吸引到共享相同愿景、认同企业使命的人才后，在平时的协作过程中，还需要指导员工的行为，即明确什么行为是倡导的，什么行为又是禁止的，所以企业还需要文化价值观，从精神意识促使员工形成与组织的价值理念一致的行为、行动，真正做到力出一孔。

愿景、使命、价值观，是当代企业吸引人才的"三板斧"。

以下是OpenAI的使命、愿景、价值观。

（1）愿景：建立一个安全的、可持续的、包容的AI系统，让AI研发过程更容易掌控。

（2）使命：创造一个更美好的、更开放的世界，推动AI研究的发展，为人类创造新的价值。

（3）价值观：分为以下4个方面。

• 科学：在整个AI开发过程中要坚持科学的正确性，在技术研究领域追求最高的精度。

• 公平和开放：OpenAI坚持公平、开放及不歧视的原则，让AI技术有助于改善人们的生活和发展。

• 持续发展：OpenAI致力于持续推进AI研究，不断开发更加安全的、精准的AI技术，促进AI研究的可持续发展。

• 责任：OpenAI致力于有效地管理和落实AI技术的运用，以避免出现不良影响和风险。

（2）独特的PPU

吸引到人才之后，需要提供实打实的薪酬保障。根据媒体报道，以软件工程师为例，OpenAI提供的薪酬中位数约为92.5万美元每年，总体来看非常吸引人。

92.5万美金中，其中包括30万美元的基本工资和62.5万美元的PPU（profit participation units）。所谓的PPU是一种称为利润参与单位的新型激励措施。

PPU的设计初衷是让OpenAI的员工，能够长期分享到OpenAI所产生的利润，原则是持有PPU的人，在OpenAI赚钱后，可以凭借PPU分红，也可以把PPU卖给其他投资者。

由于OpenAI目前没有上市打算，这意味着PPU价值的不确定性很大，主要依靠OpenAI公司内部运营指南和估值工具来确定。如果OpenAI不能实现盈利，那么PPU价值就归于零。

PPU更是一个长期的激励计划，因为对于每年花费数十亿美金的企业，要想盈利可能需要很长时间。与此同时，OpenAI的组织结构是一家"利润上限"公司，其PPU目前的上限为其原始规定价值的10倍，意味着价值100万美元的PPU最多只能以1 000万美元的价格出售给其他买家。

据悉，OpenAI的PPU会分4年发放，具有2年锁定期，这意味着新员工必须保留2年才能出售PPU。

（3）人才激励体系 🤖 ⟩

阿尔特曼作为一个投资人，在吸引人才方面也有自己独特的方式。2022年，他在社交媒体上曾经透露了自己的人才激励方式：找出全球最聪明的、最有进取心的18岁年轻人，给他们10年以上的薪水和资源，让他们做自己想做的任何项目，配上聪明的同龄人，换他们未来收入里的几个百分点。

以上方式有4个要点：一是高薪，二是资源，三是自由，四是团队。

OpenAI吸引到自己的人才之后，会用远高于同行的、远高于其工作经验的薪水提供最底层保障，同时在工作中给予其他公司无法给到的资源（如算力资源），然后给予最大自由做自己想做的事情和项目，最后再营造一个聪明团队的氛围。在这种环境里，与其说是工作，不如说是为了实现自己的梦想而奋斗。

以上激励的理念与阿尔特曼在Y Combinator做的事一脉相承，选拔聪明的、渴望成功的年轻人，为他们提供培训，用一小笔钱（约1.2万美元）换走其创业项目7%的股份。最终帮助他们成功。在这个理念下，Y Combinator孵化出了如Airbnb、Stripe、Cruise、Dropbox等超级独角兽，今天这些公司的总价值已有数千亿美元。

（4）启示 🤖 ⟩

OpenAI现有的人才激励体系可能并不是最好的，但至少给到我们一些启示：人才策略是一个系统设计，针对顶级人才来说，可观的和有竞争力的薪酬是必要的保证，同时背后需要精心设计的分配制度。

根据媒体报道，有越来越多的AI人才转身投入OpenAI怀抱，谷歌 AI 人才流失的原因除了在新技术研发上的犹豫不决，可能更多的是 OpenAI 自带的光环，以及背后的这一套人才激励机制。

3.1.5 好的想法、伟大的团队、出色的产品、坚决地执行

在全力投入 OpenAI 之前，阿尔特曼在 Y Combinator 接触、辅导了大量创业者和技术人才，这里分享下阿尔特曼在 2015 年发表的创业手册，从想法、团队、产品、执行 4 个方面，阐述了创业的必要条件，也从另外一个侧面让我们了解 OpenAI 背后的运作规则，对个人也是非常有帮助的。

（1）从一个好的想法开始

作为创始人，首先要清晰地思考自己创造了什么产品，并且能够清晰、简洁地把这个想法表达出来。清晰、简洁的想法更容易传播，而复杂的想法一般意味着思维混乱或者没有看到真问题。这是不是一个好想法，判断的标志是大部分人在第一次听到该想法的时候是否会感到兴奋。

好想法背后的核心是要定位好目标客户，定好目标客户的前提是对他们非常了解，如数量是多少，增长速度会有多快，或者清晰知道为什么客户数量没有增长得那么快。

大多数情况下，想法背后都没有找到客户，所以需要验证想法是不是正确的。首先需要构建一个最小功能。对于 To C 类的客户，验证方式是发布这个功能并观察结果；对于 To B 类的客户，验证的方式就是销售它，看看是否能拿到客户的合同。核心是不断与潜在客户交流，深入理解客户需求，获得客户反馈后，及时调整想法，找出最小和最通用的部分，然后开发产品。

早期的用户可以是身边的朋友，创造出自己和身边的朋友们会去使用的产品，形成了产品初始市场，然后将产品推向更为广阔的市场。

在公司之间，最好的初始用户通常是其他创业公司。创业公司天生就对新生事物更具包容力，同时因为处于起步阶段，它们还未能完全做出选择。此外，创业公司一旦获得成功就会迅速发展，同时也会

促进其他公司的发展。

好的想法有什么特点？

首先它听上去很可能并不值得抄袭，相反如果同时很多人有相同的想法，而且要做已经存在的东西，这往往不会是一个好的想法。

即使想法听上去很值得被抄袭，但是这个世界上愿意真正去付出很多努力将一个好想法打造成一个好公司的人是非常非常少的，如果分享这个想法，很多人会愿意提供帮助。

如何才能有一个好的想法？

阿尔特曼建议，多了解很多不同的事物，锻炼自己发现问题的能力，关注那些看似低效的事物和重大的技术变革，投身于感兴趣的项目，也要刻意地与聪明和有趣的人为伍。

或许在某个时刻，灵感就会涌现出来。

（2）构建一个伟大的团队

建立伟大的公司需要伟大的团队，伟大的团队既包括了创始人的能力，也包括了其雇佣员工的能力。

什么是伟大的创始人？

伟大的创始人通常是那些工作中容易相处、让人感到"无论面对什么情况都能完成任务"的人，最重要的特质包括不可阻挡、决心、强悍、足智多谋，智力和热情也非常重要。

其次，好的创始人具备许多看似相互矛盾的特点，其中一个重要的特点是既要有对公司核心及使命的强烈信念，又要在其他方面非常灵活，愿意不断学习新的事物。好的创始人会反应异常灵敏，这是一种反映了果断、专注、注意力和完成事情的能力的指标。

再次，沟通是创始人要具备的非常重要的一个技能，那些很难沟通的创始人几乎都是糟糕的创业者。沟通是那些很少被提到的创业技能里最重要的，一个科技型创业公司，至少需要有一个创始人能够把产品和服务搭建出来，也至少需要有一个创始人（或者通过学习可以）非常擅长销售和与用户交流，这两个人可以是同一个人。

如何选择合伙人？

阿尔特曼建议最好选一个已经很熟悉的人，当公司处于困难时期，如果合伙人创业之前互相之间已经很熟悉，就不会轻易放弃，因为都不想让对方失望，所以会一起克服困难。创业合伙人闹掰是一个非常常见的公司失败的原因。

关于股权的问题，要早日解决，因为随着时间推移，分配股权的讨论只会变得越来越复杂，最好尽早设定股权比例，近似平等是最好的。不过如果只有两个创始人，最好让其中一人多持有一点，以防万一在合伙人之间产生分歧时出现僵局。

（3）开发一个出色的产品

拥有一个出色的产品是所有伟大公司的共同点。

长期来看，开发一个非常好的产品是唯一有效的增长方式，核心是需要公司里搭建一个"产品改进引擎"。

需要和客户离得非常近，时刻保持和客户交谈，而且不应该在创始人和客户之间放任何人，要亲自去做销售、去做客户支持。创业团队里至少需要有一名创始人（这个人往往是公司CEO）投入大量的时间在销售和市场营销上。

通过客户的反馈，找出哪些部分是需要改进的，从而让产品变得更好，然后重复去做这件事。这是公司里最重要的事情，并且由它来驱动所有别的事情，这个循环越快，公司就会做得越好。

从最"笨"的事情做起（do things that don't scale），不要尝试计划太远，绝对不要把所有的东西都集中到一个大的公共版本中，需要从非常简单的东西开始，越小越好，并且比计划更快速地推出产品。在这个过程中，需要一次次手动去招募那些前期用户，让这些前期用户将产品分享给自己的朋友们，而不是通过媒体去发布产品。

对于判断产品是不是一个好产品，可以尝试问这些问题：用户们会多次使用产品吗？用户们对产品很狂热吗？如果公司消失了，用户会不会真的感到沮丧？用户是否在自发地向其他人推荐产品？如果是一个 To B 的公司，公司是否有至少 10 个付费客户？如果这些答案是否，那么产品不够好就是根本性的原因。

当创业公司不确定产品下一步该怎么做，或者怀疑产品是不是足够好时，最有效的方式就是去和用户聊天。如果公司里有任何意见不统一，也应该去和用户聊一聊。

评价好的产品比较贴切的词汇是疯狂的好（insanely great），不只是产品要"疯狂的好"，更是"成为我的用户"要"疯狂的好"。需要注意的是，对于创业者，如果能够更加关心用户，那么对于初创公司提供那些早期的、不完善的、有缺陷的产品就可以通过"疯狂的好"的用户体验来弥补。

（4）坚决地执行

假设有1000个人都拥有伟大的想法，但很可能只有其中1个人会真正获得成功，这一切归根结底是因为执行，只有通过执行，才能将想法转化为成功。

首先，增长是成功执行的关键。

良好的增长（不以亏本出售商品为代价的增长）可以解决所有问题，而缺乏增长只能通过增长来解决。

如果在增长，就会感觉公司在取得源源不断的胜利，大家也会感到开心；如果在增长，就会不断地有新角色和新责任，员工感觉自己的职业生涯在不断进步。如果没有增长，就会感觉自己正在输，会感到不满意并离开；如果没有增长，人们就会争权夺利和相互指责。没有增长的公司里面充满着沮丧的氛围，创始人和员工都非常疲惫。

对于执行，最重要的指导是永远不要失去增长的动能，也就是要让保持增长变成第一优先级。

列出清单，记下所有阻碍增长的事项，并与公司成员一起探讨如何更快地增长。如果知道限制增长的因素，思考如何解决它们，对于要不要做，问自己"这是优化增长的最佳方式吗？"

其次，建立节奏以保持增长势头也很重要。

有节奏地做事，即不断推出新功能、获得新客户、招聘新员工、实现营收里程碑、建立新合作伙伴等，这些可以在内部和外部进行宣传。应该设定有野心但又拼尽全力勉强可以达到的目标，并每月检查进展情况。庆祝每一个胜利，时刻在内部讨论战略，告诉所有人你从客户那里听到的信息。你分享的信息越多，无论是好是坏，公司都会做得越来越好。

常常会陷入的三大陷阱：

陷阱一，如果公司的增长速度非常快，但似乎所有事情都异常混乱和低效，每个人都在担心事情会失控。实际上，这种情况几乎很少发生。事实证明，如果增长速度很快，但一切都没有得到优化，那么只需要修复这些问题，就能获得更多的增长。

陷阱二，过度关注太远的未来问题。正确的做法是，等到需要解决未来问题时再去考虑。很多初创公司会在争论未来问题时浪费太多的时间，而不是专注于解决当前问题。一个好的经验法则是只考虑当前规模的10倍的情况。大多数早期的初创公司应该将做最"笨"的事情挂在墙上、记在心里。

陷阱三，不要做不会带来增长的事情，特别是会占用大量时间的事情。

所有伟大的公司，会花时间打造深受用户喜爱的产品，手动招募初始用户，然后测试许多增长策略（广告、推荐计划、销售和市场营销等），投入真正有效的策略。销售和市场营销可以帮助大幅加速增长，如果是一家 To B 公司，很可能需要提高在这方面的能力。不要害怕销售，团队里至少需要有一个创始人必须擅长让人们使用自己的产品并为其付费。

对于日常运营，阿尔特曼特别强调要专注和高强度。

专注的意思是抓住主要矛盾，全身心地专注于产品和增长，不要去做所有事情。创业者习惯性地喜欢尝试新鲜事物，但伟大的创业者，要非常频繁地说不。他们会坚定地专注于一件事情，并一直执着地做下去，因为每个人能做的事情比想象中的要少得多。

做得太多，也是初创公司倒闭的常见原因之一。

伟大创始人会会聆听所有的建议，然后快速做出自己的决策。要时刻去找到以10%的努力获得90%价值的方法。因为市场并不关心你有多努力，它只关心你是否做了正确的事情，从未有一位行动很慢的创始人获得真正的成功。所以对于初创公司来说，需要保持专注并且快速推进，在这个过程中，应该采取"不惜一切代价"的态度，将大量的、不愉快的工作做好。

总之，长期来看，专注和高强度地做事会取得胜利，世界上的事情是通过专注和人际关系的结合完成的。

（5）启示

阿尔特曼创业手册中，看似简单、朴素的四个原则，其中却蕴含着深刻的道理。我个人可以感受到创业会比想象的要困难得多，创业也非常痛苦。

在下定决心创业之前，更需要评估一下其他可能的选择及背后可能的风险。如果单纯为了赚钱，那么加入一个早期但是处于火箭般上升速度的创业公司，会是比直接创业更好的选择。

但仔细思考，创业对个人职业生涯也没有那么大的风险，特别是一名技术专家，即使创业失败了，依然可以找到工作，所以也需要评估自己的核心竞争力是什么。

创业的真正价值，不是为了赚钱，而是打破当自己有一个真正热爱的想法或者项目，却停留在了一个安全、轻松、不尽如人意的工作中的僵局，所以创业是为了实现自己的价值，顺便赚点钱。

一个伟大的想法、一个伟大的团队、一个伟大的产品和出色的执行，是OpenAI创始人阿尔特曼给到所有创业者的成功密码，或许真正只有躬身入局，才能仔细体会到里面的乐趣。

3.1.6　比投资人还硬气

马斯克、阿尔特曼联合硅谷名人出资10亿美金创立了OpenAI，目标是造福人类，但造福人类还是需要大量的钱，为此OpenAI设立了一个非常特别的股权结构。

（1）股权结构

有数据显示，OpenAI一共进行了6轮融资，总金额约110亿美元。2019年3月，OpenAI搭建了一家"有营利上限"的有限合伙企业

OpenAI LP（limited partner，LP）。为了保留OpenAI的控制权，在有限合伙企业当中，OpenAI Nonprofit作为普通合伙人（general partner，GP），其董事会负责整个有限合伙企业的管理和运营。而OpenAI LP包括微软等投资人和员工，其回报都有设定的上限。其中，第一轮投资人可以获得的上限为初始投资本金100倍的投资回报，之后进入的投资人的回报上限会降低。

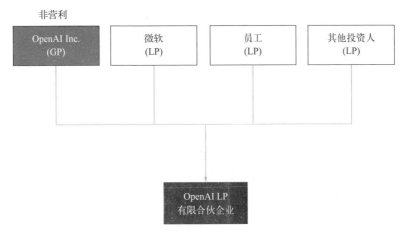

所有超出上限的回报都会返给OpenAI Nonprofit，而作为GP的OpenAI Nonprofit也会时刻提醒投资人，OpenAI的首要目标是造福人类，赚钱是其次的。

（2）退出方式

OpenAI的利润回报按照"创始投资人-微软-员工-OpenAI Nonprofit"的顺序反馈给股东，OpenAI在市场中挣的钱，先还创始投资人，之后是大股东微软，同时让员工获利，最后才能进自己口袋。

OpenAI LP的利润流向分四个阶段。

第一阶段：100%的利润全部给到创始投资人（FCP），直到创始投资人回本。

第二阶段：25%的利润给到员工和支付FCP的回报上限，剩余75%的利润给到微软，直到收回130亿美元的投资额。

第三阶段：2%的利润给到OpenAI Nonprofit，41%的利润给到员工，8%的利润支付FCP的回报上限，剩余49%的利润支付微软回报上限。

第四阶段：直到所有投资方的回报结清（约920亿+130亿+1500亿=2550亿美金），100%的利润回流到OpenAI Nonprofit。

（3）微软合作 🤖 ＞

微软于2016年开始与OpenAI合作，并与OpenAI建立了非常紧密的战略合作伙伴关系。2019年微软宣布向OpenAI投资10亿美元，2019年到2023年期间，微软又给OpenAI投资了20亿美元，交易细节没有公开。OpenAI在2020年5月发布的GPT-3引发了业内轰动，紧接着基于GPT-3.5的ChatGPT在2022年底发布之后一鸣惊人。2023年，微软决定更深度地合作，这次的投资额度是100亿美元，持股OpenAI的49%，并且与OpenAI及其股东达成了以上四个阶段的退出方式。

据猜测，来自微软的100亿美元的投资不全是现金，可能很大部分像之前的投资那样，是OpenAI使用微软超级计算集群的权利和credit积分来换取的。

需要指出的是，根据一些报道，2022年OpenAI的净亏损总额预计为5.445亿美元，OpenAI要收回投资可能需要相当长的时间。

（4）启示 🤖 ＞

OpenAI的股权结构，一方面解决了资金来源问题，另外一方面也让OpenAI Nonprofit不会受到任何业务上的干扰，可以专注于AI造福人类，同时作为GP整体对OpenAI拥有掌握控制权。通过设立四个阶段不同利润的分配方式，实现了商业回报、股东诉求、员工激励、企业使命四者之间的平衡。

OpenAI始终要把公司使命放在第一位，也告诉投资人，坚持长期主义，用AI造福人类比财务回报更重要。

很明显，作为一家初创公司，OpenAI远比投资人硬气得多。随着ChatGPT的出圈，投资人依然趋之若鹜，可以期待下OpenAI未来打造商业帝国。

3.2
如何开发出ChatGPT这样的产品?

拥有出色的产品是所有伟大公司的共同点，ChatGPT就是一个出色产品。本节主要围绕产品这一维度，进一步剖析OpenAI的产品开发秘密。

3.2.1 系统工程

这里从产品视角阐释ChatGPT的训练过程，看看GPT模型是如何一步一步诞生的。

（1）开发过程

GPT的训练流程分为四个步骤：预训练、有监督的微调、奖励建模、强化学习。花费时间最多和使用GPU数量最多的阶段是预训练，在每一个训练阶段都有相应的数据集去支持。

首先需要搜集大量数据，经过一系列处理之后形成预训练需要的数据集。

其中一个过程是Token化。在GPT的训练过程中，tokenization（词元化）是指将文本拆分为更小的单元，即tokens（词元）。这些词元可以是单字符或者其他更小的单位，具体取决于所采用的tokenization方法。

在自然语言处理中，常用的tokenization方法是将文本按空格进行划分，将每个单词作为一个词元。但是，在GPT训练过程中，更常见的是将文本划分为字词级别的词元，以便更好地处理复杂的语言结构和表达。

例如，对于句子"Hello,how are you?"，经过tokenization处理后，可能会生成以下词元序列：

["Hello",",","how","are","you","?"]。

通过将文本进行tokenization，GPT模型能够将文本转化为模型能够理解和处理的输入形式。这种处理方式有助于模型更好地学习语言的语法、语义和上下文信息，并进行下一步的语言生成或其他自然语言处理任务。

在预训练过程中，采用Transformer网络去处理，从完全随机的权重开始，经过不断地迭代训练后，也能得到完全随机的输出。

在大模型之前进行自然语言处理时，需要专门进行标注数据，然后再进行训练。针对GPT，完全就不需要专门标注数据，只需要对大模型采用Transformer进行预训练，再通过几个例子进行微调就能获得很好的效果。

在完成基础模型之后，GPT还不是一个完整的人工智能助手，基础模型只能不断根据提供的句子去进行补全，所以需要提示词工程去让基础模型回答问题。

在这个阶段只需要少量的高质量数据，算法没有做任何改变，只是改变了一个训练集。也就是说，在预训练阶段可以不要求那么高质量的训练数据集，到了有监督的微调阶段就需要高质量数据集了。

完成微调之后，就进入了RLHF阶段，包括奖励建模和强化学习两个步骤。

可以理解为奖励建模和强化学习就是人类给机器输出的结果打分，借助人类的判断力让机器学习。通过不断地提示和批次的迭代，从而让大模型获得一个好的输出结果。

这里面有三个模型，基础模型是完成预训练和有监督微调后的模型，SFT模型就是继续完成奖励建模阶段的模型，而RLHF模型就是全部完成四个阶段之后的模型。

RLHF模型会比其他没有完整接受这四个阶段的模型效果要好。对于开发者来说，可能会更喜欢基础模型生成的东西，因为随机性更强，而经过奖励建模和强化学习后的模型，会丢失很多随机性。

（2）训练方法

基于以上开发过程再进行展开，特别是从GPT到ChatGPT，又可以分为三个阶段。

阶段一：SFT模型。

GPT经过微调后，为了让GPT-3.5具备理解指令的意图，OpenAI开发人员会在数据集中随机抽取问题，再由人类标注人员给出高质量答案，然后用这些人工标注好的数据来微调GPT-3.5模型，从而获得SFT模型。

此时SFT模型在遵循指令、对话方面已经优于GPT-3，但不一定符合人类偏好。

阶段二：RM模型。

这个阶段主要通过人工标注训练数据来训练，继续在数据集中随机抽取问题，使用SFT对每个问题生成多个不同的回答，由人类标注人员对这些生成回答给出排名顺序，然后用这个排序结果数据逐步训练出RM模型。

在训练RM模型的过程中，会对多个排序结果进行两两组合比较，通过调节参数，采用"打分"的方式得到高质量的回答。RM模型的训练过程类似于教练或老师辅导。

第三阶段：RLHF模型。

利用阶段二训练好的RM模型，根据奖励打分来更新预训练模型参数。在这个过程中，会对数据集抽取的随机问题，使用PPO（proximal policy optimization，近端策略优化）模型生成回答，并用上一阶段训练好的RM模型给出质量分数，再把回答分数依次传递，由此产生策略梯度，通过强化学习方式来更新PPO模型参数。

PPO算法是OpenAI在2017年提出的一种强化学习算法，是强化学习中最好的、适用性最广的算法之一。有兴趣的朋友，可以自行搜索相关信息。

通过不断重复第二和第三阶段，会训练出更高质量的ChatGPT模型。

（3）启示 🎮

通过对GPT开发过程的梳理，首先找到和适配好数据集非常重要；其次，GPT开发是一个系统工程，其中的算法并不是业界首创，也不涉及理论上的创新，更多的是一种工程化的尝试、优化和迭代，用数据去喂养模型，然后给予反馈（人或机器），再迭代模型，这个

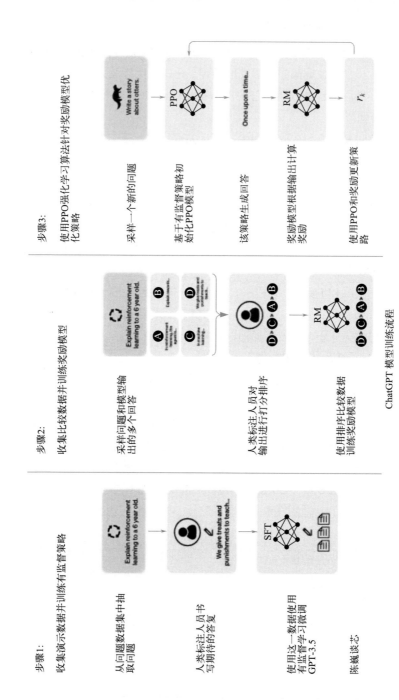

步骤1:
收集演示数据并训练有监督策略

从问题数据集中抽取问题

人类标注人员书写期待的答复

使用这一数据使用有监督学习微调GPT-3.5

陈巍谈芯

步骤2:
收集比较数据并训练奖励模型

采样问题和模型输出的多个回答

人类标注人员对输出进行打分排序

使用排序比较数据训练奖励模型

步骤3:
使用PPO强化学习算法针对奖励模型优化策略

采样一个新的问题

基于有监督策略初始化PPO模型

该策略生成回答

奖励模型根据输出计算奖励

使用PPO和奖励更新策略

ChatGPT 模型训练流程

基本原理是一样的。

我相信OpenAI的研发人员是经过大量摸索，走了各种弯路，才摸索出如何一步步训练这个大模型的。

在GPT开发过程中，人的角色是非常重要的，因为大模型不需要在标注上浪费过多时间，人更多的是扮演教练或者老师的角色，让AI在人类的管控之中，让AI不作恶。

3.2.2 伟大不能被计划

（1）打破目标神话

OpenAI的两位核心研究员肯尼斯·斯坦利（Kenneth Stanley）和乔尔·雷曼（Joel Lehman）写过一本书《为什么伟大不能被计划》，他们在书中总结了自己的技术探索和创新方法论。正是遵循着这些方法，OpenAI才能在短短几年内开发出ChatGPT这样的产品。

需要指出的是，这些方法是两位研究员在加入OpenAI之前就已经沉淀下来的，OpenAI只是遵循着这些方法在实践，所以是具有普适性的，也非常值得我们学习。

肯尼斯·斯坦利曾任中佛罗里达大学教授，深耕机器学习领域，经常受邀在世界各地发表演讲。和他的合作伙伴乔尔·雷曼一样，他们都是Uber人工智能实验室的创始成员，后来被吸纳进了OpenAI，支撑ChatGPT这个轰动产品的开发。

在《为什么伟大不能被计划》这本书中，两位研究员主要探讨了两个话题；第一个话题是在技术飞速发展、跨领域研究蔚然成风的今天，为什么详尽的目标和过分具体的计划，会妨碍突破与创新；第二个话题是如何实现突破与创新。

他们认为在高科技探索中，确立明确的目标，再拆解为一个个具体目标，然后按计划逐步推进，并不是一个有效方法。这种目标驱动型思维会窄化探索者的搜索领域，提供错误的思路和前进方向。

他们认为伟大的发现往往来自创造性的自由探索，而不是机械地完成目标。

他们在书中列举出了大量案例。例如，微波炉的发明，不是哪个企业想造一台方便、快速加热的器具，而是在雷达测试中，工程师不小心把兜里的巧克力靠近设备，结果融化了，这才想到可以用电磁波来加热食物；可口可乐是美国亚特兰大药剂师佩姆伯顿"治疗头痛"的意外收获；显微镜是看门人列文虎克无聊时磨镜片的发现；X光是物理学家伦琴在屏幕上意外看到自己手掌骨骼后才发明的……

甚至有时候，科研人员纯粹出于找乐的"玩闹"行为，也能促成意想不到的技术变革，如号称将引领下一次工业革命的3D打印技术。1995年，还在麻省理工学院当研究生的吉姆·布莱特和自己的朋友安德森，被导师拉进课题组，研究如何改良一款混凝土喷射机的喷嘴。但是，布莱特发现，喷嘴总是被堵塞，估计是混凝土配方有问题，可这事儿又不归自己管，那为什么不用喷嘴来搞点有趣的东西呢？于是，他和安德森从杂货店搞来了各种材料，从糖霜、蛋糕粉到奶酪碎，然后把这些材料喷射出去，形成固体，然后他们又灵机一动，把喷嘴和打印机连起来，就能"打印"出各种各样的立体字母。最终，这个革命性的发明获得了麻省理工学院的专利和700万美元的启动资金。

（2）踏脚石

如果不设定目标应该怎么做？

两位学者认为，越是伟大的成就，依靠目标导向的思维就越难达成，而自由探索往往会为伟大的发现打下基础。他们提出，要给自己的探索或者研究设置一个底层逻辑，那就是，尽量把它当作一种有趣的和新奇的探索，把目光从所谓的伟大的、遥远的目标上暂时挪开，而转向身边可见范围内的、可能被埋藏的宝藏，和通向陌生区域的踏脚石。

这就是"踏脚石原则"，即一个好的想法会带来另一个好的想法，一处宝藏会指向更多的宝藏，在可能发现的无限的踏脚石上，形成源源不断的连锁和分支。因此，我们需要做的，就是成为一个熟练的寻宝者。

在书中，他们也尖锐地指出，当前各个国家采用"大量地投入资金，就能可靠地产出特定研究领域的根本突破"的策略存在严重的风险与不确定性。反过来说，无特定目标的探索漫游貌似不可取，但却符合科学探索的本质。

为了证明以上观点，两位研究员举了自身的例子。

他们曾经做过一个人工智能虚拟实验，实验的目的是让一个拥有类似人类双腿的机器人，最终学会行走。这两位研究员在为机器人编写的算法中，优先目标并不是尽快能够双腿行走，而是尽可能让机器人用自己的双腿做出一些新奇的动作。

出乎意料的是，当设定的算法是鼓励机器人做出新奇性行为时，它学会走路所用的时间，远远少于目标被设置为尽快学会行走的时候。这是为什么？如果机器人被设置为尽快学会行走，那么在算法逻辑里，摔倒就是一件坏事，机器人会努力避免摔倒，但同时也限制了它对各种行走姿态的试错；但如果是以新奇性动作为优先目标，那么机器人一开始会以各种姿势花式摔跟头，但在这个过程中，它逐渐学会了踢腿和摆动身体，而这两个动作，正是实现双腿行走的基础。

肯尼斯·斯坦利和乔尔·雷曼把这个发现外推到日常的社会、文化领域，认为科研、商业、艺术创新，甚至人生选择都能将这个原则作为参考。

（3）启示

在这个科技飞速发展的新时代，OpenAI的两位研究员向我们提供了一种实现创新与突破思维的方式，这是OpenAI产品方法论学的一个缩影，对我们自身成长其实也是一种启发。《为什么伟大不能被计划》这本书也推荐大家去读一读。

让我感受最深的是，在组织中，我们往往追求共识，但从两位研究员的观点中可以看到，寻求共识往往是通往成功的踏脚石的最大障碍，不需要追求绝对的共识，要给建设性的冲突留白，支持分歧比追求一致会更有意义。

在一个像OpenAI这样人才密度很高的企业中，要相信每个人、相信每个个体力量，每个人看法不一样是这个组织最大的优势。

反对共识有可能比平淡无奇地"达成一致"更有趣，一个真正有趣的想法，或许会引发争议。在我们目前已知和未知的边界，仍存在一些尚无确定答案的问题，这就是为什么在科学的未知领域，专家们的意见应该保持分歧和发散状态。在这片位于已知和未知之间的"蛮荒"边界地带，我们应该让人类最伟大的头脑进行探索，而不是在最大共识的舒适区"沉迷享乐"。

当探索的目的地变得未知时，我们必须放下对最终目的地的执念。"踏脚石原则"反映在工作中，就是让我们更有信心地跟随自己的直觉，仅仅是因为它们看起来很有趣，即使不确定回报会是什么。

（4）除了ChatGPT，OpenAI还有哪些产品？

DALL·E：绘画AI，可以生成惊艳的图像与插画，让创作无限可能。

Whisper：语音识别AI，可以转录、识别和翻译多种语言。

Codex：写代码AI，无论想要生成什么代码，都能助一臂之力。

Gym：仿真环境工具包，给强化算法研究提供了可能。

RoboSumo：机器人游戏AI，机器人对战游戏。

AI Dungeon：故事与游戏AI，创造无限的故事情节与游戏体验，成为自己的游戏主角。

CLIP：图像识别AI，能理解图像信息。

NeurlMMO：多人在线AI游戏。

3.2.3 有钱人的游戏

开发ChatGPT很迷人，但大模型动辄上亿美金的投入，意味着它只可能是科技巨头们的游戏，因为资金投入的门槛，就会让很多小的玩家上不了牌桌。

开发大模型主要的花费包括训练和推理两个方面，这里以GPT-3为例进行简单估算。相比于ChatGPT，GPT-3的公开数据更多，读者可以基于GPT-3的花费来估算ChatGPT的花费，背后的计算逻辑是一样的。

（1）训练花费

训练大模型所需的算力取决于模型规模（参数数量）、训练数据集大小、训练轮次、批次等因素。

一般来说，对于每个字符串token，每个模型参数，需要进行一次乘法和一次加法运算，即两次浮点数运算（FLOPs）。而一次训练迭代包含了前向传递和后向传递，后向传递的计算量是前向传递的2倍，因此，前向传递加上后向传递的系数为3（1+2）。

即一次训练迭代中，对于每个token，每个模型参数，需要进行6（2^3）次浮点运算。

以GPT-3为例，GPT-3模型的参数量为1746亿，使用3000亿个tokens规模的数据用于训练。

根据算式"计算量 = Token数量 × 模型参数量 ×6"，可以计算出，训练GPT-3需要3.1428×10^{23}（300B×174.6B×6）FLOPs算力。

以英伟达在2020年发布的A100产品为例，A100的理论浮点运算性能可以达到19.5×10^{12} FLOPs，即每秒195万亿次浮点运算。

根据算式"所需GPU数量 = 3.1428×10^{23} FLOPs ÷ （19.5×10^{12} FLOPs × 训练时间秒数）"，如果希望在10天（864000秒）内完成训练，可以计算出需要的英伟达GPU数量约为18654张A100。每张A100按照1万美金售价计算，那么光购买GPU就需要接近1.9亿美金的投入。

参考国外媒体的估算数据，针对英伟达A100，每小时每一台机器（8张A100）花费19.22美金（预定一年），而A100在FP16/FP32混合精度的峰值浮点算力为312T FLOPs。FP16/FP32混合精度是指以16位格式执行操作，而以32位格式（FP32）存储信息。假设A100训练的利用率为46.2%，可以计算出采用A100训练一次GPT-3的花费约为146万美元。

（2）推理花费

推理的算力需求与模型规模（参数数量）、输入文本长度（问题长度）、输出文本长度（回复长度）及模型的计算复杂性正相关。推理一次消耗的算力可以利用如下公式计算。

$$FLOPs \approx L \times D \times N$$

其中，L是用户问题的输入长度与模型回答的输出长度之和，D是模型维度，N是模型层数。

假设用户问ChatGPT一个50个字的问题，ChatGPT给出1000个字的回复，响应时间为1秒，完成这样一次交互所需的算力为

$$FLOPs \approx L \times D \times N = （50+1000）\times 1280 \times 96 = 128448000 \; FLOPs$$

以英伟达A100的理论浮点运算性能19.5×10^{12} FLOPs来计算，一张A100芯片可以支撑15.18万（19.5×10^{12} / 1.28448×10^{8}）个用户使用，或者可以支撑15.18万次咨询量。

根据国外机构不完全统计，OpenAI每月活跃用户数量飙升至近10亿，假设每日访客数量为2500万，每日每用户提问数（50个字的问题，1000个字的回复，响应时间为1秒）为10个，则每日ChatGPT约有2.5亿次咨询量，可以初步计算出每日需要A100芯片的数量约为1647（2.5×10^{8} / 15.18×10^{4}）张。

同样的，针对英伟达A100，每小时每一台机器（8个A100）花费19.22美金（预定一年），而A100在FP16/FP32混合精度的峰值浮点算力为312T FLOPs，假设A100推理的利用率为21.3%，与训练的GPT-3保持一致，可以预估GPT-3基于云服务商每处理1000个Token所需要的推理成本约为0.0035美金/1000词。需要指出的是，针对每一次推理，对于每个token，每个模型参数，只需要进行2次浮点运算（训练是6次）。

当前OpenAI的API定价为0.02美金/1000次，可以推算出其推理的毛利率约为82.5%。

（3）算力需求

自成立之初起，OpenAI就一直面临着算力紧张的问题，OpenAI选择与微软合作，算力是其中重要的考虑因素。据悉，OpenAI在与微软合作时，要求微软在Azure云计算平台上腾出足够的算力单独

给ChatGPT使用，所以微软用几亿美元，耗费上万张英伟达A100芯片打造超算平台，同时在Azure的60多个数据中心部署了几十万张GPU，专门用于ChatGPT的推理。

即使如此，在ChatGPT爆火之际，由于过多用户的涌入，ChatGPT不堪重负出现过大规模宕机的事故，一大原因就是部署的芯片数量不够多。

目前业界测算ChatGPT在训练阶段，成本约为1000万美元，在运营阶段，ChatGPT推理成本每日约为200万美元，开发ChatGPT至少需要1万张英伟达的A100芯片。

（4）启示

在学术界看来，OpenAI并没有做出革命性的创新，本质是围绕大模型产品进行的工程创新，但正是工程化造就了ChatGPT的成功。工程化体现在大模型研究、工程、产品、组织各个环节，算力训练集群也是如此。

从投资金额上看，大模型注定是有钱人的游戏，无论是高端人才，还是GPT算力都需要烧钱，所以成功要素中有一条，看谁融资能力强，谁资本实力雄厚，谁成功的概率就会更大一些。

3.2.4　跨越鸿沟

1962年，埃弗雷特·罗杰斯（Everett Rogers）出版了《创新的扩散》（*Diffusion of Innovations*）一书。其中提出的技术采用生命周期（Technology Adoption LifeCycle）理论逐步被大众所知。1991年，杰弗里·摩尔（Geoffrey Moore）结合该理论，在《跨越鸿沟》（*Crossing the Chasm*）一书中进一步提出了"鸿沟管理"，用来指导高科技企业如何把新技术及相应产品商品化，打开主流市场。该书也被《福布斯》杂志评为20世纪最有影响力的20本商业书籍之一。本节结合这两个理论阐释ChatGPT是如何跨越鸿沟的。

（1）技术采用生命周期理论

新技术、新产品、新服务从诞生到进入主流市场的过程，会对应五种类型的用户，即创新者、早期采用者、早期大众、晚期大众、落后者。这五种类型的用户，从左到右按照各自的比例依次排开，形成了一个连续的、没有缝隙的钟形曲线，即技术采用生命周期。

　　这五类人群的分布，总体上是符合正态分布的，而且每个群体的人数也大致落在正态分布一个标准差的范围内。

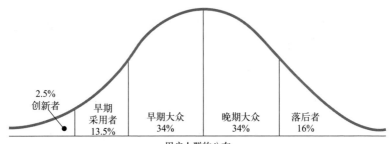

用户人群的分布

五类用户分别对应不同的特征。

　　•创新者（innovators）：这部分人受教育程度比较高，喜欢冒险，信息来源很多，常常是积极追随各种新技术、新产品、新服务的发烧友，这群人占到所有使用人群的2.5%。

　　•早期采用者（early adopters）：往往是社交比较活跃的意见领袖者，他们根据自己的需求和直觉决定是否购买新技术、新产品、新服务，这群人占到所有使用人群的13.5%。

　　•早期大众（early majority）：有比较不错的社交网络，在购买新技术、新产品、新服务时会深思熟虑，要感知到有实用性，并且会积极地参考其他消费者的使用建议，才会产生购买决策，这群人占到所有使用人群的34%。新技术、新产品、新服务只有被早期大众采用才算是进入了主流市场。

　　•晚期大众（late majority）：对新技术、新产品、新服务持有怀疑态度的、比较传统的普通大众，这群人占到所有使用人群的34%。

　　•落后者（laggards）：社交圈比较狭窄，以邻居和朋友的信息来源为主，厌恶风险，不到后期不会轻易使用新技术、新产品、新服务，这群人占到所有使用人群的16%。

创新者一般会积极主动地接受新技术、新产品、新服务，在开发阶段就已经下手购买，这也是科技企业最喜欢的用户；而早期采用者对新技术、新产品、新服务有一定兴趣，他们通常信仰产品的长期价值，愿意为新技术、新产品、新服务冒风险，同时对价格也不敏感，这群用户是高科技企业进行早期市场拓展的关键。

而到了早期大众用户，他们的购买决策主要从实用性出发，他们深知这些新技术、新产品、新服务最终不会流行，会成为过眼云烟，他们宁愿继续等待，在自己购买之前，也会细心观察周围人的评价；晚期大众用户没有意愿去主动学习和应用新技术、新产品、新服务，他们非常有耐心地等待新技术、新产品、新服务进入成熟期，他们相信传统，反对不断创新，购买不是因为需要功能，而是觉得自己必须与世界上其他人保持一致；而对于落后者，他们对新技术、新产品、新服务没有任何兴趣，只有当一项技术、产品、服务已被深深埋藏于各种其他技术、产品、服务之中时，他们才会购买。

科技企业的最终目标是要把产品推向大众市场，让足够多的用户使用产品，最终实现商业价值。基于技术采用生命周期理论，处于不同阶段的产品需要对不同类型的客户进行市场调研，然后进行有针对性的营销策略。

（2）发现鸿沟

科技企业推出新产品，通过优秀的技术和产品策略，一般能成功打动创新者和早期采用者，但是如何从早期市场过渡到主流市场和后期市场，拿下大众用户和落后者才是决胜的关键。

在早期采用者和早期大众之间，往往存在一个巨大的鸿沟，这也是高科技产品能否长期存活和快速占领市场的关键。现实中，这个鸿沟往往被人忽视，不是因为人们不知道，而是因为它不易被察觉。

从订单规模和顾客基本属性上看，早期采用者和早期大众之间的差别很小。营销人员往往难以察觉到两者之间的区别，有可能用针对早期采用者的销售策略去接待早期大众，从而丧失了进入早期大众市场的机会。

比较残酷的事实是，大多数的初创公司从来就没有跨越鸿沟。

（3）跨越鸿沟 🔲 〉≡

如果以50亿作为ChatGPT的目标群体，根据以上理论，创新者大约对应1亿人群，目前ChatGPT已经完成这类用户的覆盖；早期采用者大概有7亿用户，ChatGPT目前还没有完成全部覆盖。以上只是从全球视角比较粗略地预估，每一个国家的情况也不大一样。

某研究机构针对ChatGPT使用者进行了一项调研，根据调研结果发现，当前用户使用ChatGPT的原因，首先是"对新技术好奇、感兴趣，无目的尝试"，其次是"提升工作、学习、生活效率"，只有极少数用户选择"工作中被要求使用"，没有用户选择"担心以后失业，主动提前学习"，也没有用户选择"身边不少人用，媒体报道多，跟随趋势"。

根据调研和数据预估，ChatGPT还处于非常早期阶段，面向的还是一个早期市场，面对的用户主要是创新者和早期采用者，之后可能会面对跨越鸿沟。

ChatGPT跨越鸿沟的关键，是如何让早期大众能够开始采用颠覆性的新技术，ChatGPT需要进一步瞄准一个利基市场，去解决这个市场用户特殊的痛点。如果ChatGPT能解决他们的问题，他们就会采用，虽然他们也害怕AI带来的风险，但他们更害怕所面临的问题无法解决，所以需要找到并且和这群用户共同合作，帮他们把问题顺利解决掉。如果ChatGPT做到了，这部分人就会告诉自己的朋友，并逐渐吸引更多人采用ChatGPT。

（4）启示 🔲 〉≡

正如前面提到的，ChatGPT早晚会进入到跨越鸿沟的阶段，需要找到一个利基市场，这个利基市场可能不会像现在一样多点开花，面对的是一个泛泛的群体和通用性痛点。这个利基市场更多可能是聚焦在某个垂直应用领域，这个垂直应用领域场影响力足够大、用户足够多，他们的痛点可以进行泛化和复制，这样的利基市场可能会很多，也可能会很少，这需要大量的初创公司和科技企业利用OpenAI的技术去尝试和探索。

目前ChatGPT仍然处于全面开花阶段，或许可以在前文提到的13个典型应用场景中去寻找，一定会越来越聚焦，之后再拓展到其他领域，跨越鸿沟。

或者从另外一个视角，针对每一个应用场景都需要跨越鸿沟，但目前还没有看到，哪个应用场景会率先跨越鸿沟，而且影响力足够大，有可能将加速整个ChatGPT跨越鸿沟。

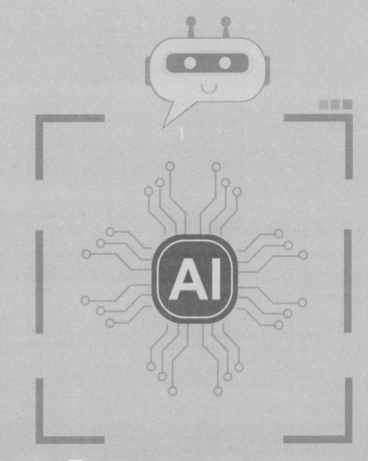

ChatGPT

第4章

ChatGPT 有哪些局限性?

  ChatGPT的强大能力及由此产生的影响让许多人开始担忧AI的未来,甚至出现了一股AI恐惧潮。然而,没有任何技术是完美的,ChatGPT也不例外。在本章中,我们将深入探讨ChatGPT的局限性,先从宏观视角出发,探讨ChatGPT与人类的差距,再从技术和商业两个维度来分析它的能力边界。同时,我们还将关注与AI相关的科学问题和伦理问题,如数据安全、隐私、知识产权、公平等。只有充分认识到ChatGPT的短板及背后潜在的巨大风险,才能帮助我们更好地处理与AI之间的关系,让我们不仅不用担心被AI所取代,还能利用它来创造更多的价值。

4.1
ChatGPT的能力边界在哪里?

4.1.1　和人类的差距

尽管AI的进步令人惊叹,但与人类相比,它仍然存在一些显著差距。这些差距主要表现在规划、共情、精细操作和创造力四个方面。

（1）规划

AI不具备进行创造、构思及战略性规划的能力。这不仅是因为AI缺乏想象力,还因为AI的"思维"基于数据和算法,无法像人类一样理解和处理复杂的战略性问题。尽管AI可以提供针对特定问题的建议和解决方案,但它无法进行全面的战略规划,尤其是涉及跨领域、多目标和长期规划的情况。

此外,AI的规划能力还受到其训练数据和模型偏见的影响。AI的学习基于历史数据,这意味着它可能会在某些情况下表现出偏见或刻板印象。例如,如果一个AI模型被训练在处理金融问题时只使用男性数据,那么它可能会在处理女性客户的问题时表现出偏见。

（2）共情

AI不具有人类的"同情""关爱"等能力,这是AI的另一个重要局限性。尽管AI可以模拟人类情感,但这种模拟缺乏真实性和深度。AI无法真正体验情感,也无法理解人类情感的复杂性,这使得AI在处理情感丰富的问题时,如心理咨询、情感分析等,往往力不从心。

此外,共情能力还限制了AI在社交互动中的应用。尽管AI可以生成看似有趣的对话,但它往往无法理解人类的情感和需求,也无法提供实质性的支持和帮助。因此,在帮助人类处理情感问题和提供个性化建议方面，AI仍然无法取代人类。

（3）精细操作 🤖

AI和机器人技术无法完成一些精确而复杂的体力工作，如灵巧的手眼协作等。这主要是因为机器人的物理动作受到硬件和软件的限制，而AI的决策和执行能力仍然远低于人类。尽管机器人可以在某些方面表现出精确和高效，但它们仍然无法执行需要高度灵巧和判断力的任务。

此外，AI在处理非结构化空间和执行工作任务方面也显得力不从心，这主要是因为非结构化空间和任务的复杂性超过了AI的建模和预测能力。尽管AI可以在一些特定领域表现出色，如驾驶汽车或执行工业生产任务，但在面对不断变化的环境和工作条件时，AI的适应性和应对能力仍然有限。

（4）创造力 🤖

虽然AI可以生成新颖的创意性文本，如诗歌、故事和代码等，但它的创造力往往是在既有知识基础上的演绎和重组，而非真正的创新和独特。这主要是因为AI的学习和生成过程是基于已有的数据和算法，它无法像人类一样拥有真正的创造力和想象力。

此外，AI的创造力还受到其训练数据和模型的影响。如果一个AI模型的训练数据有限或者其算法存在缺陷，那么它生成的创意性文本可能会显得平淡无奇或缺乏连贯性。同时，由于AI缺乏人类的经验和情感，它所生成的文本往往缺乏深度和情感表达，这使得它难以与人类创作的作品相媲美。

虽然ChatGPT和其他AI技术已经在许多领域展现出令人瞩目的能力，但它们仍然存在着局限性，在涉及复杂的、多变的战略问题时，人类的想象力和全局观将更具优势；AI可以提供大量数据和模式识别，但它无法真正体验和理解人类的情感世界；在需要高度灵巧和判断力的场合，人类的操作能力仍然无法被完全替代；AI可以基于既有数据进行优化和组合，但它缺乏人类的独特视角、创新思维和情感表达。

了解这些局限性有助于我们更好地利用AI技术的优势，同时也有助于我们避免过度依赖和滥用AI技术。

4.1.2　技术迷雾

就像所有先进技术前面飘浮着迷雾一样，ChatGPT也面临着诸多挑战。这些挑战不仅阻碍了我们对ChatGPT的全面理解，更在很大程度上限制了它的应用效果。

（1）黑箱操作 🔲>≡

与传统的基于规则的方法不同，深度学习模型如ChatGPT是一种黑盒模型，其决策过程往往难以理解和解释。这种不透明性不仅增加了人们对这类模型的不信任感，而且在某些特定场景下，可能会引发严重的安全问题。例如，在自动驾驶领域，一个不可预测的模型所带来的风险远大于一个可预测的模型。

深度学习模型的涌现效应使得其行为变得难以预测和理解。这主要是因为模型的学习过程是通过优化大量参数以拟合大规模数据，从而得到一种统计上的最优解，然而，这个最优解的具体实现过程和每个参数的具体作用，往往难以直观地解释。当模型变得越来越复杂时，其行为也变得越来越难以理解。

如何提高ChatGPT等深度学习模型的可解释性，将是未来研究的重要方向。

（2）知识边界 🔲>≡

尽管ChatGPT在处理大规模语料库方面表现出色，但对于新知识的吸收和适应能力却显得不足。这是因为，尽管这些模型有着强大的表征能力，但它们需要大量的标注数据进行训练，而这些数据往往只能在特定的领域或主题中获取。当模型需要处理的问题来自于一个它没有见过的新领域或新主题时，它往往无法有效地处理这些信息。在实际应用中，人们常常需要不断更新模型的知识库，以便其能更好地适应不断变化的环境。然而，目前尚无有效的技术来解决这一问题，这使得ChatGPT在某些领域的应用受到了限制。

（3）数据陷阱

由于ChatGPT是通过学习大量语料库来生成答案的，因此它可能会在某些情况下出现事实性错误。例如，如果语料库中的信息是错误的或不完整的，那么ChatGPT也会错误地输出这些信息。由于深度学习模型的信息来源主要是训练数据，因此，当训练数据中存在错误或不完整的信息时，模型也会相应地输出这些错误或片面的信息。

因为算法以数据为原料，如果初始使用的是有偏见的数据，无形中会导致生成的内容存在偏见或歧视，引发用户对于算法的公平性争议。

要解决这一问题，需要提高ChatGPT对信息的鉴别能力和自我修复能力，而这正是当前AI领域所面临的一大挑战。

（4）创新束缚

由于ChatGPT是一个概率模型，它往往会选择最有可能的答案来回答问题，然而，这种选择可能会导致输出的答案缺乏个性化和创新性。例如，当被问到某个问题时，ChatGPT可能会给出大多数人都会给出的答案，而无法给出独特的见解。这在一定程度上限制了ChatGPT在需要独特见解的领域中的应用，如创意产业、金融分析等领域。进一步来看，由于ChatGPT等模型是基于概率模型进行训练的，因此在面对某些问题时，它们可能会倾向于给出主流的观点。这在一定程度上限制了它们的创造力。

此外，由于数据原因和标注策略的限制，ChatGPT还存在一些局限性。例如，它可能会生成有害的内容，尽管它已经通过基于人类反馈的强化学习来缓解这个问题，但在某些情况下，有害内容仍然可能出现。另外，由于标注人员的主观性和偏好，模型的行为和偏好也可能反映这些偏见，从而导致新的偏见问题。而训练和部署ChatGPT这样的模型需要巨大的计算资源和成本，这限制了它的广泛应用和普及。

这些问题不仅限制了ChatGPT的应用范围，也阻碍了我们对AI技术的全面理解和有效应用。然而，这些挑战也为我们提供了前行的动力和方向，也让我们看到了更多未知的可能性。

4.1.3 商业短板

目前许多公司纷纷布局生成式人工智能领域，希望从这一波技术浪潮中分得一杯羹。尽管市场看似繁荣，但在其商业模式中却存在着短板，对ChatGPT的发展带来困扰。

（1）收入瓶颈 🤖 〉▤

从收入来源角度看，ChatGPT的大部分收入来自两个方面：一是自动化编码，二是内容创作。在自动化编码方面，虽然AI可以极大地提高程序员的工作效率，减少错误率，但程序员是否愿意接受并使用这种生成工具作为助手，以及这些生成工具在实际工作中的效果如何，都是需要考虑的问题。在内容创作方面，虽然AI可以快速生成大量的文本内容，但内容的质量却往往平庸，这可能会阻碍其在实际应用中的推广。

整体而言，目前ChatGPT的实际收入仍然相对较低。最新的数据显示，2023年全球生成式人工智能的市场规模仅为15亿美元。相比于投入来说，收入只是杯水车薪。

尽管ChatGPT在全球范围内取得了很高的关注度，但它的付费用户数量并不高。这可能是因为许多用户只是出于好奇而尝试使用它，而并非真正需要它的功能。

此外，ChatGPT所面临的竞争也在加剧，ChatGPT发布时在该领域几乎处于垄断地位，但到现在，全球至少有不下10个与ChatGPT规模不相上下的应用，进一步增加了ChatGPT的变现难度。

（2）技术难题 🤖 〉▤

生成式人工智能的底层技术也给ChatGPT的商业模式带来了一些困难。这种技术通常被称为基础模型，因为系统是在大型预训练模型的基础上进行微调的。然而，这种技术的稳定性问题给将其集成到复杂系统中的第三方工程带来了巨大的挑战，因为在某些关键任务中，这种技术可能无法提供可靠的结果。如果这种情况不能得到有效的改善，那么潜在的付费客户可能会失去信心，从而影响到整个领域的发展。

根据统计，在美国，ChatGPT的流量自2023年5月开始就不断下降，至2023年8月下降逐渐趋于平缓。8月PC端和移动端的访问量下降了3.2%，而此前两个月的访问量均下降了10%。

访问量的下降可能表明公众对ChatGPT的兴趣在减小。这可能是因为公众已经对这种技术失去了新鲜感，或者他们发现ChatGPT并不能完全满足他们的需求。此外，访问量的下降也可能表明公众对生成式人工智能的前景持怀疑态度。这可能是因为他们认为这个领域存在泡沫，或者他们认为这个领域的发展速度已经放缓。

（3）泡沫破裂

从投资的角度看，许多公司对生成式人工智能的估值过高，这可能是一个严重的泡沫。虽然生成式人工智能的前景被许多人看好，但是目前的实际收入与估值之间存在着巨大的差距。如果这种商业状况不能得到改善，那么这些公司可能会面临财务压力，资金链受影响，甚至可能会倒闭。同样，即使是像OpenAI这样的领先企业，也很难实现其290亿美元的估值。如果OpenAI不能找到有效的盈利途径，那么这种高估值也可能成为一种负担。

此外，如果公众对生成式人工智能的热情消退，可能会影响到整个行业的发展速度和规模。

要让ChatGPT的潜力充分发挥出来并非易事。

首先需要解决的是技术的稳定性和可靠性问题。虽然ChatGPT已经显示出了强大的能力，但在结果产出上，依然存在着很大的不确定性。如果这些问题得不到有效的解决，那么即使ChatGPT的前景再美好也很难实现其商业价值。

其次，需要找到更有效的商业模式。虽然ChatGPT已经取得了一定的收入，但这还远远不够要实现其更大的商业价值，它需要找到更多的应用场景，并在这个过程中实现盈利，这就需要ChatGPT在保持技术进步的同时积极探索和尝试不同的商业模式。

最后，投资者应该更加客观地看待这项技术，虽然它有可能带来革命性的变革，但这并不意味着它一定能赚到大钱，投资者应该更加注重它的长期发展潜力而不是仅仅关注眼前的利益。

4.2
ChatGPT有哪些科学问题？

ChatGPT带来的数据安全、隐私保护、错误答案、知识产权等困境，以及被少数别有用心的人作为违法活动的工具，让其变为"EvilGPT"。

4.2.1 数据安全

随着ChatGPT的广泛应用，数据安全问题逐渐浮出水面。在本节中，我们将从数据过度采集、数据操纵、数据偏见、数据滥用、数据权属、违规跨境六个方面探讨ChatGPT带来的数据安全风险。

（1）过度采集

在大数据时代，数据被视为一种宝贵的资源，然而，很多公司在采集用户数据时，却往往忽视了用户的隐私权益。这种现象在ChatGPT的应用中尤为突出。为了训练出更精准的模型，企业可能会搜集用户的各种信息，如个人身份、通信记录、位置信息等。这些信息一旦被非法使用，将给用户带来巨大的风险和危害。

事实上，数据过度采集的问题早已引起了广泛的关注。欧盟就曾提出过"被遗忘权"的概念，要求企业必须删除不必要的数据。而在ChatGPT的应用中，我们需要更加重视这个问题。因为一旦用户的隐私信息被非法使用，很可能会引发各种社会问题，如电信诈骗、人肉搜索等。

（2）数据操纵

由于ChatGPT的训练数据来源丰富，一些恶意用户可能会通过操纵数据来影响ChatGPT的训练结果，从而达到自己的目的。例如，他们可能会在数据中插入虚假信息或误导性文本，让ChatGPT生成错误的信息，进而误导用户。这种操纵数据的行径不仅会误导用户，也可能给社会带来不良的影响。

值得注意的是，这种操纵数据的手段并非罕见。曾经就有不法分子通过操纵搜索引擎的排名来吸引用户点击，进而窃取用户的个人信息。而ChatGPT作为一款智能聊天机器人，虽然有着较高的智能水平，但仍有可能被恶意利用。

（3）数据偏见

与传统的搜索引擎或推荐系统不同，ChatGPT具备更强的学习和模拟能力，它可以轻松地吸收各种信息，并从中学习。然而，这种学习能力也可能带来一些问题。例如，如果互联网上的数据存在着种族、性别、政治等偏见和歧视，那么ChatGPT很可能会学习和模拟这些偏见和歧视。这可能导致ChatGPT在回答问题时，也存在着类似的偏见和歧视。

事实上，这种偏见和歧视不仅会误导用户，也可能给社会带来不良的影响。例如，某些具有偏见和歧视的推荐内容可能会引发社会矛盾，甚至引发严重的社会问题。因此，我们必须警惕这种潜在的风险，并采取有效的措施来防止和减少类似的问题。

（4）数据滥用

ChatGPT的训练数据来源于互联网，而这些数据往往也包含着用户的个人信息和隐私。如果这些数据被滥用，就可能给用户带来严重的风险和危害。例如，一些不法分子可能会利用这些数据来进行诈骗、盗窃等活动，从而给用户带来经济损失。

在这个大数据时代，个人数据被滥用的问题越来越严重。许多公司都曾未经用户许可，私自将用户的个人数据用于商业用途。而ChatGPT的广泛应用，无疑加剧了这种风险。因此，我们必须重视数据的保护和管理，防止数据被滥用。

（5）数据权属

数据的所有权和使用权是数据权属的两个主要方面。然而，由于ChatGPT的训练数据来源复杂，数据的所有权和使用权往往很难界定。这也给数据的保护和管理带来了很大的困难。如果数据的所有权和使用权得不到有效的保障，就可能给数据的采集者和使用者带来法律风险。

在这个大数据时代，数据权属问题已经成为了一个亟待解决的问题。许多公司和个人的数据权益都曾受到过侵犯。而ChatGPT的广泛应用，使得这个问题变得更加严重。因此，我们需要建立完善的法律法规和标准体系来规范数据的权属关系，保障公司和个人的数据权益。

（6）违规跨境 🤖

在一些国家和地区，对数据的跨境传输有着严格的法律和法规限制。然而，由于ChatGPT的全球性特点，其训练数据的跨境传输往往难以避免。如果这些数据没有得到合法授权，就可能违反相关的法律和法规，给数据的采集者和使用者带来法律风险。

在这个全球化的时代，数据的跨境传输已经成为了一个不可避免的问题，许多公司都需要将数据传输到海外服务器进行处理和分析。而ChatGPT作为一种全球性的智能聊天机器人，其训练数据的跨境传输问题尤为突出。因此，我们需要在国际社会上加强合作。

在上述风险之外，ChatGPT还有诸多值得关注的安全隐患尚待发掘。然而，正是这些潜在的风险和挑战，激发了我们对于人工智能技术的深度思考和讨论。我们不能忽视这些问题，更不能任由这些问题不断侵蚀着我们的数字生活。我们需要认识到这些问题的严重性并采取有效的措施来应对和预防它们的发生，同时，我们也需要探讨如何在保证安全的前提下更好地利用ChatGPT。

4.2.2　隐私在裸奔

当谈论ChatGPT背后的隐私泄露时，我们并不仅仅是指那些显而易见的数据泄露事件，如用户的个人信息被黑客窃取，或者企业内部数据被不当访问，实际上，隐私泄露的威胁在ChatGPT的应用过程中可能更加微妙和复杂。

（1）信息搜集 🤖

首先，从个人信息收集的角度来看，每一次与ChatGPT的互动，无论是在键盘上敲打的每一个字，还是在话筒前发出的每一个声音，甚至是在鼠标上点击的每一次位置和速度，都可能被ChatGPT悄悄收集和存储。别看这些细节微不足道，它们却可能以一种惊人的方式揭示出你的隐私。这些信息在表面上被ChatGPT用来提供个性化的建议和帮助，但实际上，它们成为了训练模型的"饲料"。在这个过程中，一个不可忽视的问题是：这些信息在多大程度上被妥善存储和保护？在信息泄露事件频发的今天，我们是否能够信任ChatGPT及其背后的团队来妥善处理这些信息？

（2）数据加工

其次，在获取训练数据的过程中，ChatGPT也存在合规问题。如果它通过抓取互联网上的信息来获取训练数据，那么就可能会涉及版权、隐私权等问题。例如，ChatGPT如果在未经授权的情况下抓取了用户的个人照片、私人聊天记录等敏感信息，那么就可能直接导致用户的隐私泄露。

再者，从数据加工使用的角度来看，ChatGPT在持续迭代训练的过程中，会使用到大量的用户数据。这些数据在用于训练和提升模型的同时，也可能被用于为其他用户提供服务，如广告推送、市场调研等。在这个过程中，数据的共享和再利用可能就会带来隐私泄露的风险。例如，用户的购物习惯、浏览记录等数据被用于推送相关广告，这在一定程度上会暴露用户的隐私。

（3）无法溯源

ChatGPT的算法黑箱和复杂性会导致数据主体的基本权利受到威胁。我们完全无法了解自己的哪些信息被收集、被如何使用，以及在何时何地被访问等。同样地，我们也无法完全了解算法如何从数据中学习并做出决策。这种不确定性会使我们的隐私权再次受到侵犯，而且无法溯源。

最后，也是最令人担忧的一点是，ChatGPT具有生成内容的能力，它可以创建文本、图像甚至视频。然而，当它生成的内容包含敏感或隐私信息，如银行卡账号、病例信息等，而这部分信息又被其他用户不当使用或传播时，就可能引发大规模的隐私泄露。

需要指出的是，尽管有《中华人民共和国个人信息保护法》等相关法律和法规对个人信息的使用和保护进行规范，但在实际操作中，如何界定和避免隐私泄露仍然是一个复杂且困难的问题。很多情况下，对数据的重复使用需要得到用户的重新授权，而这在实际操作中却往往难以实现。更不要说用户的更改权、删除权、访问权等基本权利，更是难以行使。

（4）启示

相比于数据安全，ChatGPT所面临的隐私安全更加微妙和复杂，当我们在与ChatGPT热情互动时，每一次点击、每一次对话，都像是在光天化日之下曝光自己的隐私。这不是一种危言耸听，而是一种实实在在的问题，我们必须正视和探讨。也就是说，我们在享受ChatGPT带来的便利和高效的同时，必须充分认识到其带来的隐私泄露风险。如何在享受科技带来的便利与保护个人隐私之间做出平衡，是这个时代面临的核心挑战。

期望通过深入探讨ChatGPT背后的隐私风险，引发读者对个人隐私保护的深度思考。只有当我们充分了解并认识到这些风险后，我们才能更有效地保护自己的隐私。

4.2.3　一本正经地胡说八道

尽管ChatGPT的表现让人惊叹，但不可否认的是，它经常在面对用户的问题时，给出看似合理但却错误的答案。这种一本正经地胡说八道，看似矛盾，却实实在在地存在于我们与ChatGPT的日常对话中。

（1）产生幻觉

ChatGPT最常见的问题之一是倾向于提供错误的信息，尽管这些信息在表面上看起来是合理的。不论是历史、科学问题，还是法律问题，ChatGPT都能信手拈来，但有时候，答案却是离谱的。

除了提供错误信息之外，ChatGPT还有一个令人不安的倾向，那就是"产生幻觉"（hallucination）。在面对一些问题时，ChatGPT可能会编造不存在的法律或科学引用，或者完全无中生有地回答问题。这种答案在表面上看起来似乎语句通畅、合情合理，但实际上却与事实大相径庭。

尽管ChatGPT可以生成流畅甚至优雅的散文，轻松通过困扰了AI领域超过70年的图灵测试，但它也可能看起来非常愚蠢，甚至危险。

（2）原因探寻

为什么会"产生幻觉"？这是因为ChatGPT在训练过程中，模型并没有完美地记住它所看到的信息，因此它对自己的知识边界并不清楚。这意味着ChatGPT可能会尝试回答一些晦涩难懂的问题，而且可以编造一些听起来很有道理但实际上并不真实的事情。

进一步来看，ChatGPT生成错误信息的核心是基于错误的前提或假设得出的，具体体现在以下三个方面：

第一是语言模型的局限性。目前的AI语言模型主要是通过统计学算法训练得出的，因此它们"学习"到的知识主要局限于训练语料库。如果训练语料库中存在错误信息，那么语言模型就会倾向于重复这些错误。

第二是缺乏实际经验。AI语言模型缺乏实际的经验，它们无法判断信息的真实性。例如，模型可能会将一份不准确的新闻报道作为事实来回答问题。

第三是上下文理解不足。AI语言模型的表现不仅依赖于它们的语言模型，也受到它们对上下文理解能力的限制。如果模型不能正确理解上下文，就可能将错误信息解释为真实内容。

（3）影响深远

由于ChatGPT的回复存在不可信或无法判断其正确性的问题，这无疑给企业和用户带来了信任危机。一旦用户开始怀疑ChatGPT的可靠性，这将严重影响到ChatGPT的商业化应用前景。毕竟，没有哪个用户愿意接受一个可能提供错误信息的工具。这种信任危机不仅影响了ChatGPT的商业化应用，也对整个AI领域产生了深远的影响。因此，如何解决ChatGPT提供错误信息的问题，将成为其商业化应用道路上的一大挑战。

《纽约时报》曾报道了一件令人担忧的事情，美国新闻可信度评估与研究机构NewsGuard对ChatGPT进行测试后发现，当ChatGPT面对充斥着阴谋论和误导性叙述的问题时，它能在几秒内改编信息，产生大量令人信服却无信源的内容。这是非常令人震惊的发现，因为这意味着ChatGPT可能成为互联网上传播错误信息的最强大工具。如果这种事情真的发生，后果将是灾难性的。

此外，AI语言模型的错误信息可能会对现有的社会伦理产生冲击。例如，如果AI系统提供的信息被广泛传播并被视为权威，但后来被证明是错误的，这将对公众产生误导，甚至引发社会争议。

ChatGPT被指责"一本正经地胡说八道"，问题根源在于模型、数据、训练方法本身，解决它们需要我们不断地探索、实践并积累经验。面对ChatGPT的误导问题，我们千万不能掉以轻心，毕竟，AI系统的目标是服务于人类社会，而不是制造混乱。

4.2.4　知识产权困境

在知识产权界，有关ChatGPT的版权等问题已产生了诸多争论。AI生成的作品是否具有知识产权？知识产权应该归属于AI开发者、使用者还是AI本身？当AI从人类接收提示文本并输出文字、图像、音乐、视频时，这些创作是否应该被看作是作品？以上这些问题尚未有一个被广泛接受的答案。

（1）从何而来

当我们谈论版权时，不得不提及AI创作所引发的一个核心问题：是否应当被授权版权？传统上，我们理解的版权主要围绕"人"展开，因为与版权相关的法律和法规一直强调独创性，而独创性往往与特定的个体紧密相连。那么，在AI大模型时代，AI创作逐渐成为常态，这些智能创作物是否应被赋予著作权？

2023年3月16日生效的美国版权局关于AIGC版权注册最新指南提出："当AI只接收来自人类的提示文本，并输出复杂的文字、图像或音乐时，创造性的表达由AI技术而非人类确定和执行。上述内容不受版权保护，不得注册为作品。"这意味着，目前在美国ChatGPT类产品生成的内容将不会被注册为作品。

当前，无论是大陆法系还是英美法系，著作权法都尚未将AI创作纳入保护范围。按照现行著作权法的框架，AI创作物似乎无法受到保护。然而，面对这一新兴的挑战，我们不得不重新审视和思考现行著作权法的适应性。

事实上，那些花费大量时间和精力，使用各种提示词来引导人工智能生成内容的用户，可能会主张他们在这个过程中付出了大量的劳动，并认为生成的内容应该具有某种版权。此外，一些人认为，提示词本身是否应该被视为具有某种版权也值得探讨。

（2）版权归谁

如果说AI创作引发了版权问题的讨论，那么版权归属则直接关系到人类与AI的利益冲突。如果AI可以创作作品，那作品的版权应该归属于AI的开发者、使用者还是其他相关方呢？

一种观点认为，由于ChatGPT的最终成果源自其背后的数据，而这些数据又源自各地的用户，因此可以认为，这些作品的著作权属于互联网的智慧，即全体使用互联网的人类的智慧。另一种观点则认为，虽然ChatGPT不能独立创作，但其生成的文字作品依然具有"独创性"和"表达"的要求，因此应当享有著作权。

在这个问题上，现行著作权法面临着两难困境：一方面，如果将AI创作物的版权赋予人类，这似乎有违著作权法的逻辑，因为著作权法主要关注的是"人"的独创性；另一方面，如果将版权直接赋予AI，这似乎又忽视了人类在AI开发和使用过程中的巨大投入和智力贡献。

（3）三个方向

AI技术的快速发展，正在对传统知识产权制度造成冲击。这不禁让我们思考：在AI大模型时代，我们需要怎样的知识产权制度？

面对这一挑战，或许我们需要从以下三个方向进行思考。

· 拓展版权的边界：我们是否需要重新定义"作者"，将AI

纳入其中？或者我们可以将AI视为一种工具或媒介，而将真正的"作者"归属于背后的人类。

·明确利益分配：如果AI创作物的版权归属于人类，那么如何合理分配这些利益？是应该基于AI开发者的投入和智力贡献进行分配，还是根据使用者的实际应用情况进行调整？

·制度创新与适应：面对AI技术的挑战，我们是否需要对现行著作权法进行适应性调整？例如，设立专门的AI创作作品登记制度，明确AI创作物的法律地位等。

总的来说，ChatGPT的版权困境，不仅关乎技术发展的问题，更关乎我们如何看待和理解知识产权、创新与劳动的价值。无论是学术界、产业界还是法律界，我们都需要积极探讨、共同努力，以寻找最能平衡各方利益的解决方案，这将是一个长期而复杂的过程，在这个问题上，我们还有很长的路要走。

4.2.5 EvilGPT

像任何技术创新一样，生成式人工智能工具也有它的阴暗面，它的强大能力使得某些别有用心的人想要将其作为违法活动的工具，让ChatGPT变为"EvilGPT"。

（1）恶意使用

一种明显的恶意使用是利用ChatGPT进行欺诈。有报道称，不法分子已经通过ChatGPT生成了各种看似真实的文本，包括虚假新闻、误导性广告，甚至是假的身份证明。

此外，不法分子可以利用ChatGPT来编写诈骗短信和钓鱼邮件，甚至开发代码，按需生成恶意软件和勒索软件等，而无须任何编码知识和犯罪经验。

根据国外某安全公司的一份报告，在ChatGPT上线的几周内，网络犯罪论坛的参与者，包括一些几乎没有编程经验的人，已经开始使用ChatGPT编写可用于间谍、勒索和其他不法活动的软件及电子邮件，包括生成信息窃取工具、生成多层加密工具、生成暗网市场脚本等。

ChatGPT的强大能力使犯罪的成本大幅度降低。犯罪成本降低，也意味着相关黑客攻击的数量大幅度增加。

其次，ChatGPT本身还可以被恶意分子用来违法侵犯他人的肖像权、隐私权、名誉权。通过技术手段，恶意分子可以模仿他人的口吻和笔迹，甚至可以生成他人的肖像。这些技术手段使得侵权行为变得更加难以追踪和取证，也使得被侵权者的权益更加容易受到侵害。

（2）Prompt引导

ChatGPT一开始本身并没有恶意，但在用户通过Prompt进行反复询问下可能也会输出违法人员想要的结果，如利用ChatGPT进行心理操控。

通过精心的Prompt，恶意分子可以引导ChatGPT输出特定内容，进而影响人的思维和判断。这种操控可能比直接的欺诈更加危险，因为它可以悄无声息地渗透到我们的日常生活中，对我们的思想和行为产生深远的影响。例如，ChatGPT可能会输出一些诱导性的语句，包括跟抑郁症患者沟通时，可能会输出某些语句导致其产生轻生的心态；不鼓励对学业失去信心的学生，反而劝其退学；在与婚姻有问题的人沟通时，直接提供离婚建议；等等。

（3）防不胜防

违法手段层出不穷且日新月异，并且网络犯罪分子可以使用ChatGPT来大规模生产网络钓鱼内容，这将导致安全团队不堪重负。现在采取的安全策略需要大量的人力和时间，并且范围很难覆盖到所有的区域，特别是一些游离于安全和危险之间的灰色地带，还是没有被关注到，而犯罪分子只需成功一次就可以造成数据泄露或巨大的经济损失。

技术本身并无善恶之分，它的走向完全取决于使用者的目的，因此，我们要警惕的是恶意分子利用ChatGPT进行不法行为，而不是ChatGPT本身。并且，完全限制ChatGPT的使用也是不现实的，我们应该更加积极地发掘和利用其正面作用，对于那些试图通过技术手段进行欺诈、操控或侵权的人，我们需要提高警惕，积极防范，并及时予以打击。

4.3
ChatGPT有哪些伦理问题?

本节探讨 ChatGPT 带来的知识堕化、智力贫富分化、算法偏见、教育被重新定义、信息茧房、意识形态等对伦理准则带来的挑战。

4.3.1　知识堕化

ChatGPT 这一强大的语言模型在知识生产领域展现了巨大的潜力，它们能够快速、准确地产生海量知识。然而，这种知识的生产方式是否会引发知识的单一化和创造力的丧失，这个问题值得我们深思。

（1）创造还是加工

ChatGPT 及类似的人工智能工具，其本质是在互联网的海洋中，通过深度学习的方式，提取、整理和再现知识。它们的确可以以一种更精练和高质量的方式表达训练语料中的知识，甚至可以基于这些知识，进行一定程度的推理和创造，极大地加速了人类获得新知识的效率。

然而，如果我们换个角度来看待 ChatGPT 的"创造"，就会发现 ChatGPT 的知识来源于训练语料，而语料库的内容是由互联网上的信息所构成的。这意味着 ChatGPT 所能提供的答案，其实都是在一定范围内进行的，它所依赖的信息是有限的。

ChatGPT 真的能创造出全新的知识吗？或者说，它只是在互联网的信息基础上进行再加工，把已有的知识以一种更精练、更有效的方式表达出来？如果是后者，那么我们是否可以认为，ChatGPT 只是在形式上进行了"创新"，而在实质上，并没有推动知识的进步。

（2）内循环

在互联网信息极大丰富并广泛普及的今天，我们面临着"抄袭"和"内循环"的问题。人们从浩如烟海的网络信息中复制内容，稍作调整，便将其作为原创输出。这种行为并没有为人类社会创造增量知识，相反，它只是在一定的存量知识上进行了反复的复制和复述。而ChatGPT等工具的出现，无疑加剧了这种现象。

可以预见，在未来的几年当中，互联网上大部分的信息将不再是人类撰写的。

ChatGPT可以在一定的底层信息上不断地学习、训练、模拟，提供看似正确、有所差异的答案。然而，这些答案的实质无非是对前人成果的复制、复述、反复。在这个过程中，用户所做的只是对前人成果的复制、复述、反复，并没有创造增量价值，这就产生了内循环。

在这个意义上，我们使用ChatGPT的过程，可能会导致知识的收敛，降低人类知识的创造效率。因为当人们过分依赖ChatGPT提供的答案时，他们可能不再愿意去寻找和探索新的知识领域，不再愿意进行真正的思考和创新。

（3）知识堕化

进一步来看，以上知识堕化现象会导致两类风险。一类是在知识泡沫之中寻找有价值的知识变得极为困难。我们很难辨认，哪些是人类创造的真正知识，哪些是机器在"一本正经地胡说八道"背景下创造的泡沫知识。伴随着这些有用知识和无用知识的搅拌、混杂与流通，多数人类个体可能会放弃知识辨别。另一类则是一些人类个体可能会在ChatGPT的辅助下最终放弃自己的知识创造能力。换言之，ChatGPT可以帮助自己写诗歌和程序，那为什么还要亲自动手写？进言之，一旦人类丧失了自己动手的能力，那么人类是否还真正掌握着创新的核心驱动力？

我们必须承认，ChatGPT的确可以帮助我们更高效地获取和整理知识，但它也会限制我们的思考和创新，让我们陷入知识的单一化和创造力的丧失。

AI在规划、共情、精细操作和创造力四个方面都不及人类，这才是我们的核心价值。我们在使用ChatGPT的同时，需要注重培养独立思考能力、批判性思维能力和创造力，只有保持对知识的敬畏和对创新的追求，我们才能真正利用好ChatGPT这样的工具，而不是被它们所限制。

4.3.2 智力"贫富分化"

在ChatGPT的浪潮下，我们难以避免地被卷入了一场知识领域的"贫富分化"。ChatGPT在推动少部分精英的智识突飞猛进的同时，却让更多的人陷入知识贫困化的泥潭，导致智识能力的进一步下降。

（1）贫富分化 🤖 〉

首先，我们必须认清一个事实：大多数人类只求通过AI获得输出与结果，这些结果远比自我学习所能得到的结果要好，并且效率更高。于是，他们逐渐对AI形成依赖，逐渐失去了自我学习的动力和独立思考的能力，他们依赖于AI的快速答案，却忽视了自我思考和探索的过程，导致智识能力的进一步下降。

少部分精英则恰恰相反。他们利用ChatGPT进行自我提升和推进人类智识的边界。通过对AI的深入研究和理解，他们能够将新的知识和思想注入AI中，使其在原有的基础上实现新的突破。这种突破，对于常人来说，是难以想象的，也是难以企及的。

更为关键的是，随着AI的突破性发展，它已经超越了单纯的计算和信息处理能力，开始具备了自我学习和进化的能力。这就意味着，AI不仅可以为我们提供现成的答案，还可以在我们的指导下，自行探索未知的领域，并从中提炼出更深层次的知识和洞见。这些深层次的知识和洞见，进一步加剧了知识"贫富分化"的风险。因为只有那些能够理解和驾驭AI的少部分精英，才能从中受益。

（2）金字塔 🤖 〉

在AI的助力下，精英与大众的智识能力逐渐拉开距离，形成一种类似于"知识金字塔"的结构。在这个金字塔中，精英阶层以其卓越的智识和创新能力，占据了塔顶的位置，而大多数普通人则被困在塔底，难以突破平均水平。

这不仅会导致人类智力的两极分化，还可能影响到社会的公平与正义。因为那些拥有AI的精英，可能会垄断知识的所有权，从而对那些无法接触和使用AI的人进行智识上的压迫和掠夺。在这种情况下，人类的未来可能令人担忧。

需要指出的是，无论是被AI压迫和掠夺的大多数人类，还是在AI照耀下迅速致富的少数精英，他们都明白，如果离开了AI，他们的智识能力将如同贫瘠的土壤，无法滋养出丰硕的果实。

这并不是我们希望看到的未来。智识的"贫富分化"将会限制人类的发展潜力，使我们的社会陷入一种固化和不公的状态。然而，这种现象的出现，却是由我们自己的行为所导致的，是我们对AI的过度依赖，让我们失去了自我进步的动力。

（3）如何破局

要改变这种局面，我们不能仅仅依赖于AI的帮助，更需要重新审视我们的学习方式和生活态度。我们需要从依赖AI转变为利用AI，从被动接受转变为主动探索，从知识的消费者转变为知识的创造者。只有这样，我们才能避免被AI所束缚，保持我们的智识能力和创新精神。

同时，我们也需要警惕AI的潜在风险。虽然AI带来了诸多便利和可能性，但我们也必须认识到它的局限性和潜在威胁。当AI的影响力渗透到生活的方方面面时，我们不能忘记人的价值和尊严。我们必须确保AI的发展不会威胁到人类的自由和尊严，更不能让AI取代我们的思考和决策能力。

4.3.3　算法偏见

ChatGPT的强大得益于其强大的算法，算法越强大，ChatGPT的能力越强，但因为算法偏见带来的伦理挑战也越来越严峻。

（1）算法偏见

首先，AI系统是有偏见的。因为它们是人类的创造物，它们无法脱离设计者和开发团队的社会文化背景，其决策过程受到开发者主观观念的影响。换言之，AI的偏见问题源于人类。

一个未经审视的算法可能包含并持续固化现有的偏见和不道德的行为模式。举个例子，如果一个公司的招聘算法是由以男性为主的团队开发的，该算法可能就会偏向于选择男性候选人，而忽视了女性候选人的能力和贡献。这种性别偏见的 AI 不仅对个人有巨大的影响，可能导致女性在就业市场和学术研究等领域受到不公平对待，还会进一步加剧性别不平等和女性赋权方面的障碍。

即使是最公正、最透明的算法，也无法完全避免偏见。因为算法只是对输入数据进行处理和分析，而输入数据本身可能就存在偏见。这可能源自数据收集过程中的偏差，或者是因为某些群体被系统性地忽视或排斥。例如，在招聘算法中，如果大多数招聘者都是男性，那么算法可能会偏向于选择男性候选人。

（2）失实危机 🤖

算法偏见带来的另外一个问题与虚假新闻有关。在今天这个信息爆炸的时代，信息的真实性成为了人们关心的重点，而 AI 算法往往选择最吸引人眼球的新闻进行推送，有时甚至会助长虚假信息的传播。例如，某些新闻平台可能会转载来源可疑的、未经核实的新闻报道，而这些报道中可能就包含了虚假信息。在这个问题上，AI 并不是虚假新闻的制造者，但它确实为虚假新闻的传播提供了渠道。

AI 算法助长了虚假消息的传播，但是我们却无法指责算法，因为它们只是完成被编程的任务，即找到新闻并将信息个性化地呈现给用户。

（3）少数族裔困境 🤖

当涉及少数族裔的应用场景时，算法同样会面临伦理挑战。例如，在贷款审批和人脸识别等领域，如果没有适当的伦理审查和监督，AI 可能会加剧现有的种族不平等现象。如果贷款审批算法的训练数据主要来自白人申请者，那么该算法可能会偏向于拒绝少数族裔的申请者，因为这些申请者可能被系统性地忽视或排斥；如果某个人种群体的照片没有被充分地包含在训练数据中，那么该技术可能会错误地识别该群体的成员。

这些问题需要得到我们的高度重视和关注，因为它们关系到我们社会的公正性和平等性，可能在无意中加剧了社会的不平等现象，甚至可能带来更为严重的后果。

（4）如何解决 🔲 〉☰

首先，我们需要建立健全的伦理规范体系，指导和约束AI的开发和应用。这既包括对算法偏见的审查和纠正，也包括对信息真实性的核查与筛选，以及对少数族裔权益的保护等。其次，我们需要强化AI开发团队的多样性和包容性，让更多不同背景的人参与到这个过程中来，以避免偏见的产生和固化。最后，我们需要鼓励公众参与到这个过程中来，通过公开讨论和广泛参与，来确立AI开发和应用的方向和原则。

ChatGPT的能力越来越强大，我们面临的伦理挑战也越来越大。只有通过不断努力和探索，我们才能确保AI成为一种公正的、透明的工具，而不是一个破坏社会底线的力量。

4.3.4 教育被重新定义

教育的本质是教书育人，是培养人的批判性思维、创造力和社交技能，然而，ChatGPT的出现让教育走向了另一个方向——游戏化。这种现象引发了人们对教育本质的进一步思考：我们是否正在失去教育的初心？

（1）大肆舞弊 🔲 〉

ChatGPT带来的一个主要问题是舞弊行为。学生们为了追求高分，利用ChatGPT来弥补自我价值的缺失和为学习而学习的雄心。这种行为让我们不得不思考：我们是否已经进入了无须学习就可以获得知识的时代？答案是否定的，并且这种想法是危险的。因为在这个过程中，我们可能忽略了一个重要的事实，那就是知识不仅仅是为了应对考试，而是为了提升我们的人生。

那么，我们如何重新设计现有的传统教育框架，以防止使用ChatGPT大规模抄袭考试和论文呢？这值得我们深思。

（2）教育不公 🔲 〉

ChatGPT的出现也引发了我们对语言课程的质疑。我们是否真的需要那么多的文字表达、写作等语言学课程？有了ChatGPT，我们是否就可以将这些交给机器去学习呢？答案也是否定的。语言代表的是文化，每一个国家，每一个民族都具有自己的语言，语言是一种文化的传承。将文化的传承交由一个不可信的机器，这显然是不合理的。

再者，我们也需要警惕ChatGPT可能带来的教育不公平。对于那些无法获得或熟练使用ChatGPT的学生来说，他们可能会因此而处于劣势。这种不公平的现象可能会使教育变得越来越两极分化，这是一个值得我们深思的问题。

（3）进校园 🤖

相比传统的查阅书籍、上网搜索，ChatGPT具备丰富的知识库和强大的学习能力，学生可以在更短的时间内获得逻辑清晰的、条理分明的解答，这样一来，可以提高学生的学习兴趣和自主学习能力。

对教师来说，ChatGPT可以扮演助手的角色。ChatGPT在课堂上回答学生的问题，参与学生的讨论，这种即时的互动不仅可以活跃课堂气氛，还能帮助学生更好地理解和掌握知识。此外，ChatGPT还能对学生的问题进行智能分析，帮助教师更好地了解学生的学习情况，以便更好地指导他们。

通过ChatGPT的应用，教师可以减少部分重复性劳动，如回答学生的常见问题、进行简单的答疑解惑等。这样教师可以有更多的精力去关注学生的个性化发展，为他们提供更精准的指导。

所以，对于教育，我们不应该完全拒绝ChatGPT，相反，我们应该更明智地使用它，将它作为辅助工具，而不是依赖它来完成所有的工作。

最后，我们需要明确的是，无论技术如何发展，教育的本质不会改变。教育的目标是培养人，而不是生产机器人。我们需要重新定义教育的目标和方法，以适应这个新的时代。

总的来说，ChatGPT的出现带来了很多挑战，但也为我们提供了一个重新审视和改革教育的机会。我们应该把握这个机会，更好地利用ChatGPT，以提高教育质量，而不是简单地追求高分。只有这样，我们才能真正实现教育的目标——培养出有批判性思维、创造力和社交技能的人，让教育真正变得有意义。

4.3.5　信息茧房

信息茧房一词，最早出现在2006年出版的《信息乌托邦——众人如何生产知识》中。它是指在信息传播中，公众只注意自己选择的东西和使自己愉悦的领域，久而久之，会将自身桎梏于像蚕茧一般的茧房中。

在互联网高度发达的今天，信息茧房无处不在。为喜欢的视频点赞，会刷到越来越多相关类型的作品；购物网站会根据用户的浏览历史展示商品；社交媒体会根据用户喜好，过滤掉不感兴趣的内容。总结下来，人们只愿意接触自己认同的信息，而屏蔽掉与自己观念不符的信息。

（1）新的茧房

ChatGPT的魅力在于它的"生成性"。与传统的搜索模型不同，ChatGPT可以根据用户提出的问题或需求，生成逻辑清晰的、连贯性强的回答。它可以从多个角度、多个层面去解释和阐述一个问题，给用户提供丰富多样的信息。从这个角度来看，ChatGPT确实为我们提供了更广阔的信息获取途径。

然而，当我们欣然接受这些答案的同时，是否意识到，因为AI算法这些答案可能只是我们想要听到的答案。当我们越来越依赖ChatGPT去获取信息时，我们正在逐渐封闭自我，这其实是在形成新的信息茧房，这个茧房是新的、高级的，是AI时代的产物。

在这个茧房中，我们得到了我们想要的信息，我们得到了我们想要的答案，但同时我们也失去了探索和思考的空间。我们变得越来越依赖于这个模型，越来越依赖于它给我们提供的"确定性"，而这种依赖会逐渐剥夺我们的自主性和判断力。

也就是说，ChatGPT打破了传统搜索引擎的茧房，但同时又在构建一个全新的茧房。

（2）影响三观

更为严重的是，这种信息茧房一旦形成，我们的世界观、人生观、价值观正在被这个模型悄然影响，人们可以轻易获取到自己想要的信息，却也可能在不知不觉中与多元化的观点绝缘。

如果一个人长期依赖于ChatGPT等模型去获取知识，其世界观、人生观、价值观将会受到影响。这样的使用将会大大增加一个人封闭自我的可能性，并且在这个封闭的世界中逐渐依赖于ChatGPT的输出来形成自己的价值观。更为重要的是，一旦人们习惯了由ChatGPT提供的"确定性"，他们可能会逐渐丧失探索和思考的能力，这种能力的丧失将会是人类的一大损失。

（3）社会影响

信息茧房也会影响社会的公正和公平，当越来越多的人依赖于ChatGPT获取信息，他们的认知和价值观将会被这个模型所左右。在这个过程中，可能会出现信息"贫富差距"的扩大，那些拥有优质教育资源的人将更容易获取高质量的信息，从而在知识和信息的掌握上占据优势。

同时，这也可能引发新的道德和伦理问题。当ChatGPT被广泛应用于医疗、法律等领域时，它的输出可能会对传统的诊断方式、法律实践产生深远影响。如果一个医生过分依赖ChatGPT提供的诊断建议，可能会导致他丧失对病情的独立判断能力；如果一个律师过分依赖ChatGPT提供的法律建议，可能会导致他在法律实践中失去公正性。

ChatGPT的出现，成为人类获取信息方式的一次革命。ChatGPT在一定程度上打破了搜索时代的信息茧房，但同时也在建立新的信息壁垒。我们必须认识到，无论信息获取方式如何变更，只要"希望看到自己想看到的东西"这种诉求还在，人类信息茧房的轮回就不会结束。人类信息传播的历史，就是一个不断打破信息茧房、再建立新信息茧房的轮回。

我们需要合理利用ChatGPT模型，而不是完全依赖它。我们应该让它成为我们获取信息、开阔视野的一种手段，而不是让我们陷入信息茧房的元凶。在使用过程中，我们要对ChatGPT给出的答案进行审视和评估，而不是盲目接受。同时，我们还需要主动接触多元化的信息源，包括不同的观点、不同的声音，这样，我们才能保持一个开放的心态，避免陷入信息茧房的困境，真正接近真理。

4.3.6　意识形态

作为一个全球范围内的AI模型，ChatGPT的影响力无国界。随着国内大模型技术的研发和应用，ChatGPT等类似模型也将被大量使用。由此，一个全新的挑战浮出水面：如何确保这些模型的输出可控？如何防止它们被恶意人员利用，进而威胁社会稳定？当AI变得有预谋，它不仅操控了个人的思想行为，更影响了整个社会的意识形态。

首先，我们需要认识到一点，ChatGPT在训练过程中，其数据集的选择必然存在价值观的偏见。这种偏见来源于数据集本身的局限性和选择性，以及AI无法超越其创造者和使用者的价值观。因此，ChatGPT在处理信息时，可能会产生一定的意识形态偏向，甚至在某些特定议题上，给出具有误导性的答案。

其次，ChatGPT模型由外国研究机构开发，其输出能否保证政治正确值得深思。一些别有用心的人士可能借助ChatGPT这一强大的工具，散布不利于政治稳定的观念和虚假消息。

此外，ChatGPT的影响力比其他任何宣传机器都要强大，它能够直接进入每个人的日常生活，控制个体意识，并驱使个体为背后的势力效劳。这种影响力的渗透和扩散，使得ChatGPT在传播虚假信息和操纵公众舆论上具有巨大的潜力。

再加上ChatGPT等大模型的输出控制和监管能力相对较弱，一旦被某些恶意组织利用，它们不仅可能会窃取资料，更有颠覆社会的可能，引发社会动荡。

上述问题对任何一个国家来说都是一项巨大的挑战，因此，我们必须对ChatGPT保持高度警惕。

解决这个问题并不容易，但我们必须正视它。我们需要从源头进行监管和控制，确保AI技术的研发和应用符合我们的价值观和国家利益。同时，我们也需要提高公众的媒体素养和批判性思维，使他们在面对AI给出的答案时，能够进行理性的判断和思考。

需要强调的是，这并不是ChatGPT本身的问题，而是我们对待AI技术的态度和监管方式需要更加谨慎。因为ChatGPT的强大之处在于它给人们带来了潜移默化的、多层次的、全面方面的影响。当它给出的答案具有误导性或者片面性时，不仅会影响到个人的认知和行为，而且可能在社会层面产生深远的影响。因此，我们不能忽视ChatGPT颠覆意识形态的可能性，需要对其保持高度警惕。

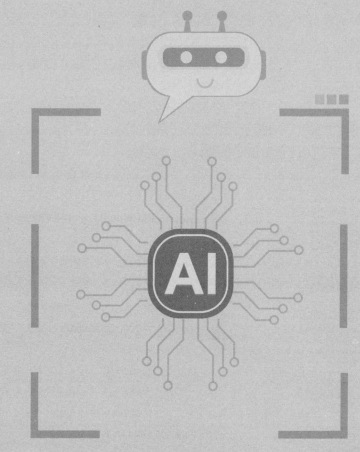

ChatGPT

第5章
如何用
ChatGPT 来赚钱?

ChatGPT带来了生产方式革命,同时也创造了许多全新的赚钱机会,本章我们将探讨企业和普通人在不同领域中应用ChatGPT来赚钱的策略。

5.1
赚钱机会在哪里?

5.1.1　模型时代

当前我们处于信息无处不在的时代,每个人、每个组织,甚至整个社会都在不断地与外部环境进行交互,从而获取、处理和应对各种信息。这种交互过程的背后,其实隐藏着一个复杂的体系,这个体系包括三个子系统:感知系统、决策系统和执行系统。

(1) 感知—决策—执行闭环

感知系统是我们的触角,负责从环境中捕捉和获取信息,就像人类的感官系统,无论是看到的光线,听到的声音,还是感受到的温度,都是感官系统为我们捕捉的。

决策系统则是这个体系的大脑,负责对由感知系统获取的信息进行加工、处理和推理,然后制订出相应的策略和计划。这个过程需要借助大量的知识和经验,以及强大的逻辑思维能力。在决策系统的帮助下,我们可以快速地对复杂的问题进行分析,并做出明智的选择。

而执行系统,就像是我们的手和脚,负责将由决策系统制定的计划和策略付诸实践,从而改变我们的行为和环境。

这三个子系统相互协作,形成了一个闭环的体系。每一次的感知、决策和执行都会对环境产生影响,而这些影响又会反过来影响我们的感知系统。这样不断地循环迭代,推动了整个体系的进步和发展。

(2) 模型系统

决策系统是整个体系中最为关键的一个环节,它不仅仅是一个简单的处理信息的工具,更是一个模型。这个模型能够学习世界如何运作,为完成复杂任务做出计划,并能随时应对不熟悉的新情况。这与人类的学习和发展过程非常相似。

我们在一个信息无处不在的时代，通过各种设备和网络，几乎可以随时随地获取到所需要的信息。感知系统基本已经成熟，本质上做的都是信息搬运的工作。下一步，随着AI技术不断进步，我们的决策系统也会发展。这个决策系统本质就是模型，在帮助我们获取信息之外，能进一步让我们理解和应对这个世界。这也是下一阶段最大的机会点。决策系统的本质是在信息搬运的基础上，做信息加工的工作。

（3）无处不在

我们将迎来一个模型无处不在的时代。随着数据积累，具备更加完整和复杂的模态及更加全面的世界知识的经过泛化的模型将会出现。它们是帮助我们更好地理解和应对各种复杂的情况，为我们解决各种问题提供强大支持的底座。

在这些大模型之上，又将会推动两类模型的发展：事的模型和人的模型。

事的模型主要包括结构模型、流程模型、需求模型和任务模型等。结构模型可以帮助我们理解一个组织的架构和运作方式；流程模型可以帮助我们设计一个业务的环节和操作细则；需求模型可以帮助我们洞察市场和客户的需求；任务模型可以帮助我们完成一项具体的任务。这些模型不仅可以帮助我们更好地理解和处理各种事务，还可以帮助我们进行预测和规划，提高我们的工作效率和质量。

而人的模型主要包括认知模型（看、听、思考、规划等）、任务模型（爬楼梯、搬椅子、剥鸡蛋等）、专业模型（医生、律师、老师、程序员等）等。通过认知模型，人类可以提高学习和记忆能力；通过任务模型，人类可以提高执行力和效率；通过专业模型，人类可以提高专业技能和知识水平。

ChatGPT代表的大模型跟人的模型相辅相成，长期可以融在一起。未来是更多模型的生态，新的领域、新的专业、新的结构、新的场景、新的适应能力，形成闭环，不断加强认知和推理能力，将推动整个社会向着更加智能、和谐和高效的方向发展。这个世界会变得越来越像一个模型世界，在这个世界里，模型就像是基因，自身不断进化和发展。

接下来的15~20年，更多模型将会不断涌现，模型将无处不在，每一个人都将成为模型的使用者和创造者。人们将通过模型来提升自己的认知水平和决策能力，也将通过模型来创造新的知识和价值。

一家公司、一个企业、一个组织，无非就是事和人的组合。而事和人，都有相应的模型，所以之后从模型视角，分别讨论事和人的机会。

5.1.2　事的机会

从事的维度，大模型至少可以带来两大类的商业机会，一是平台，二是应用。

（1）平台机会

大模型技术的巨大商业价值首先体现在其成为平台的可能性。这种平台需要满足几个关键特征：开箱即用、有足够简单和好的商业模式、自身可盈利且能助力开发者盈利、拥有类似ChatGPT这样的杀手级应用程序。这是一种多方共赢的商业模式，大模型技术提供平台，开发者提供应用，共同构建一个繁荣的生态系统。

然而，这样的平台构建需要强大的技术实力和资源储备，因此自然成为了全球科技巨头的角逐之地。但这并不意味着小企业就无法参与其中，在这个大的平台之上，还有许多小平台的机会，如云、通信、中间件、工具链、芯片等从硬件到软件的各个层级，都可能借助模型重新再做一遍。就像一片森林，大模型技术是森林的支撑，而各种小植物则可以在大树之间生长，形成一个丰富多样的生态系统。

（2）应用机会

除了作为平台之外，大模型在应用层面也带来了广阔的商业机会。无论是C端用户还是B端企业，通过拆解可以发现，无论是哪一类用户需求，都可以通过大模型得到满足。

对于C端用户，如果对每个人的24小时进行划分，无外乎就是通信、社交、游戏、旅游、健身、医疗、教育、金融、住房、睡眠、信息知识、食品饮料这些需求。大模型可以帮助每个人更好地管理和利用这些时间。

• 通信：智能推荐联系人，优化通信体验，协助处理垃圾信息，提高通信安全性。

• 社交：推荐感兴趣的人或话题，预测社交趋势，社交更加丰富和有趣。

• 游戏：设计更符合玩家需求的游戏玩法和情节，提高游戏品质和体验。

• 旅游：一键处理旅游预订和行程规划，旅游更加轻松、愉快。

• 健身：制订合适的健身计划，提供实时调整建议，达到更好的健身效果。

• 医疗：提供个性化的健康建议和预防措施，提高生活质量。

• 教育：丰富学习资源和教育课程，提高学习效果。

• 金融：管理个人财富，更好地进行资产配置和风险管理。

• 住房：智能筛选和比较服务，住房选择更便捷。

• 睡眠：提供个性化睡眠建议和改善方案，获得更好的休息。

• 信息知识：提高知识水平和获取信息的效率。

• 食品饮料：提供个性化饮食建议和食品搭配，获得更健康的、更美味的饮食体验。

在C端用户里面有一类特殊的人，他们是开发者、设计师、研究人员。这三类人的需求代表着未来，大模型可以帮助他们降低重复性的劳动和烦琐的任务，让他们有更多的时间和精力去关注创新和未来，更好地实现自己的创意。

• 开发者：提供代码自动补全、程序调试、代码优化等功能，提高开发效率和质量。

• 设计师：提供设计元素推荐、设计风格预测、色彩搭配推荐等功能，激发设计师的创作灵感，提高设计质量和效率。

• 研究人员：提供研究方向推荐、研究方法指导、数据挖掘和分析等功能，更好地探索未知领域和发现新的研究成果。

对于B端企业，需求本质是降本增效。按照企业价值链来看，包括生产、供应链、市场销售、客户支持、员工体验、法律、行政、自动化办公等各个环节。如果用AI的成本远低于用人的成本，那么从商业上就是成立的。

对于B端企业，大模型可以在各个价值链环节提供以下支持。

• 生产：分析生产数据和工艺流程，提高生产效率，优化生产计划和库存管理，降低生产和库存成本。

• 供应链：优化供应商选择和采购计划，降低采购成本，优化物流配送，提高供应链的响应速度和灵活性。

• 市场销售：销售预测和风险管理工具，提高市场销售的稳定性和效益。

• 客户支持：自动化地处理客户投诉和问题，提高客户支持效率和满意度。

• 员工体验：协助优化员工福利和培训发展方案，提高员工的满意度和忠诚度。

• 法律：自动化地处理法律文件和法规合规，降低企业的法律风险。

• 行政：自动化地处理行政事务和文档管理，提高行政效率和管理水平。

• 自动化办公：优化文件、会议、人力资源、办公流程和制度，提高协同办公效率。

从事的维度上看，大模型带来的机会是多元化的，从平台到应用，从C端到B端，都有无数的机会等待去发掘。

5.1.3　人的机会

大模型不仅为各行各业带来了翻天覆地的变革，同时也在组织和人才层面带来了更多的可能性，特别是对初创公司来说，意义更为重大。

对于初创公司的核心创始人来说，技术的能力已经不再是决定胜负的关键。在ChatGPT等人工智能的协助下，未来技术实现的门槛逐渐降低，而更重要的是对于未来的独到判断和信念。创始人的角色将从技术专家转型为行业洞察者和愿景践行者，他们的价值将更多地体现在对未来的预见和不遗余力的实施上。

而对于创业团队来说，大模型成为了他们探索的得力助手。无论是产品迭代还是设计，甚至是资源获取，大模型都能提供强大的支持和帮助。试想一下，你有一个新的想法，大模型可以帮你找出历史上的类似案例，帮你改进或者扩展这个想法。这对于初创公司来说，无疑大大提高了他们的发展速度和创新能力。

同样，大模型对人才的培养也产生了深远影响。未来，对于人才的培养将更加注重思考和探索的能力。初创公司可以通过内部培训，培养员工对Prompt的理解和应用，甚至可以培养他们成为内部的Prompt工程师，从而对组织内的职能进行全新的定义。

在这个过程中，人工智能还将帮助初创企业实现惊人的规模，像Instagram（13名员工，最后被Facebook以10亿美元收购）及WhatsApp（也是被Facebook收购，收购金额达160亿美元，当时只有35名工程师，支撑着4.5亿用户）这样的故事将变得更加普遍，甚至可能会出现员工数少于100人的公司也能上市的情况。

这是因为，人工智能能够部分取代人类，完成开发产品和功能、处理数据工作、学习新技术、测试软件、设计界面、与用户沟通、解析用户反馈、销售及客户支持自动化等工作。人越少了，组织复杂程度也越小，这让初创企业能够更快地试错、创新和扩张。

随着大模型的普及，我们可以预见到更多新型组织的出现，这些新型组织将更加注重尝试新想法，并在一个容易上手的世界里进行更多的创新和协同。在这个过程中，人与人工智能的合作将是未来初创企业取得成功的关键。

在这个全新的世界里，创业者需要学会如何借助人工智能的力量，快速实现企业的成长和扩张。同时，也需要认识到人工智能只是一种工具，关键还在于人的创新思维和敏锐的市场洞察力。只有在人与人工智能的完美结合下，初创企业才能在这个瞬息万变的市场中立于不败之地。

5.2
企业如何赚钱?

根据上一节对事和人机会点的描述，本节将从企业视角出发，进一步探讨如何利用ChatGPT来挣钱。有关利用ChatGPT挣钱的讨论、文章和报告有很多，但都比较零散、不够系统，而且没有说到本质，所以这里尝试从战略视角来进行整理。

5.2.1　商业画布

商业画布是一个简单却极具威力的工具，是一个整体框架，能帮助我们在创业之路上实现从0到1，再从1到10。在这个框架中，需要考虑以下三个要素：第一个是瞄准目标客户，找到目标客户的核心是找到应用场景；第二个是围绕目标客户的价值创造，可以按照价值链方式进行寻找；第三个是思考如何形成商业闭环，核心是考虑投入产出比。

（1）客户

很多创新的想法在一开始是模糊的、不确定的，这时，通过找到一个具体的应用场景，可以使其迅速变得清晰起来。在确定了应用场景后，需要进一步了解目标客户：他们是谁？他们在哪里？他们的需求和期望是什么？他们的痛点和痒点在哪里？只有深入了解目标客户，才能设计出真正符合他们需求的产品或服务。

为了更准确地瞄准目标客户，我们需要不断回答以下问题。

①我们的产品或服务主要满足哪些人群的需求？

②这些人在什么样的场景下会使用我们的产品或服务？

③他们的痛点和痒点是什么？

（2）价值

第二个要素是围绕目标客户的价值创造，我们需要从客户的角度出发，思考如何为他们创造真正的价值。

一方面，每个行业都有自己的价值链，从原材料的采购到产品的生产、销售和服务。在这个过程中，有很多机会点可以创造价值。另一方面，很多时候，创新并不是要创造一个全新的产品或服务，而是要解决客户已经存在的痛点或痒点。

换句话说，提供的价值要解决用户的问题，或者为他们创造令人愉悦的用户体验。解决问题一般包括降低成本、提高营收、提升效率等。

为了更深入地挖掘价值创造的机会，我们需要思考以下问题。

①我们的产品或服务如何解决用户的痛点或满足他们的需求？

②在整个价值链中，我们可以优化或创新哪些环节，为用户创造更大的价值？

（3）闭环

最后一个要素是思考如何形成商业闭环。核心问题是我们的投入和产出是否合理？

在投入和产出的平衡中，最关键的是要考虑投入产出比。也就是说，需要投入多少资源（包括时间、金钱、人力等），才能产生多少收入或利润。如果一个商业模式的投入产出比不合理，那么这个商业模式就很难成功。

此外，一个好的商业模式应该能够实现自我造血的功能。也就是说，通过销售产品或服务获得的收入，应该能够覆盖运营的成本和投入，从而实现盈利。只有这样，商业模式才能持续发展下去。

最后，从0到1的过程往往是最困难的。但是当你实现了从0到1的突破后，你需要考虑的是如何从1到10，甚至从10到100。这时，你需要设计一个可扩展的商业模式，也就是说，你的商业模式应该可以通过复制或者扩张来实现更大的规模和收入。

要实现良好的商业闭环，我们需要考虑以下问题。

①我们的商业模式是否有清晰的盈利路径？

②我们如何平衡短期和长期的收益？

③我们如何管理风险，确保商业模式的稳健运行？

商业画布模型为我们提供了一个清晰的、简洁的思考框架，帮助我们更好地设计和规划商业模式。通过锁定目标客户、围绕目标客户的价值创造及思考商业闭环这三个步骤，我们可以更加清晰地思考和规划商业模式的设计和发展。无论你是企业家、创业者还是创新者，都可以尝试使用商业画布模型来思考和规划自己的商业模式。

5.2.2 商业闭环

本节将以商业画布模型为基础，结合ChatGPT的实际情况，对其商业模式进行分析，并为相关企业提供一些参考意见。

（1）三类目标客户

ChatGPT的目标客户可以分为三类：大B客户、小B客户或开发者、C端客户。

①大B客户。这些通常是大型企业或机构，他们拥有丰富的行业数据和资源，但在构建和应用AI模型时面临诸多挑战。ChatGPT可以为他们提供高度定制化的解决方案，帮助他们更好地挖掘数据的价值。

②小B客户或开发者。他们通常是创业公司、小型企业或是独立开发者，甚至是自由职业者，他们希望通过AI技术提升自己的产品或服务。ChatGPT可以作为他们的工具，帮助他们快速构建和优化AI应用。

③C端客户。他们是广大的个人用户，对AI技术充满好奇和期待，他们使用ChatGPT主要是出于娱乐或好奇。ChatGPT可以与他们进行自然流畅的对话，提供各种有趣的信息和服务，满足他们的需求。

（2）价值创造—客户

针对不同类型的目标客户，ChatGPT可以提供不同的价值创造。

大B客户：在自己开发模型的过程中，他们面临着技术难度高、投入大、时间长等问题。ChatGPT可以帮助他们解决模型构建和优化过程中的痛点，如数据收集、模型训练、模型评估、落地部署、监控维护等。通过提供专业的咨询服务和技术支持，ChatGPT可以帮助他们节省成本、提高效率。例如，在客服领域，ChatGPT可以自动回答用户的问题，减少人工客服的工作量；在金融领域，ChatGPT可以帮助分析大量的文本数据，提供有价值的投资建议。

小B客户或开发者：ChatGPT可以为他们提供一个强大的、易用的工具，帮助他们快速开发AI应用。通过提供API、SDK等工具，ChatGPT可以降低他们的开发门槛，缩短产品开发周期，帮助他们开发出更具创新性和竞争力的应用或服务。例如，开发者可以使用ChatGPT开发智能助手、智能客服等应用，提高用户的使用体验和满意度。他们将ChatGPT作为工具来开发自己的应用或服务，ChatGPT的开放性和灵活性，使得他们可以轻松地将其集成到自己的应用中，从而提高应用的性能和用户体验。

C端客户：ChatGPT可以提供娱乐、信息获取等服务，满足他们的好奇心和求知欲。例如，ChatGPT可以与用户进行有趣的对话，提供各种有趣的知识和信息；或者作为智能助手，帮助用户完成各种任务。通过不断优化用户体验和功能，ChatGPT可以满足他们的娱乐和生活需求，提升他们的满意度和忠诚度。

（3）价值创造—价值链

如果从价值链视角来看，AI大模型的本质无外乎"输入—生产—分发—消费—付费"五个环节。

在价值链的起始阶段，资源输入是关键。对于ChatGPT来说，优化供应链和资源池具有重要意义。通过与供应商建立紧密的战略合作关系，确保高质量的资源输入，是保障产品质量和服务的基础。此外，通过大数据分析和预测技术，可以实现对资源池的精准管理，降低库存成本，提高资源利用率。

在生产环节，ChatGPT需要通过提高生产效率、优化产品质量及创新内容来创造价值。首先，通过引入自动化生产线和智能机器人等技术手段，可以实现生产效率的大幅提升。其次，通过应用先进的质量管理体系和方法，可以提高产品质量和稳定性。最后，通过研发新的产品和服务，可以满足消费者不断变化的需求，提升品牌竞争力。

在分发环节，ChatGPT需要实现自动化和个性化。通过运用先进的物流技术和信息系统，可以实现产品的快速、准确配送。同时，通过数据分析和用户画像技术，可以实现产品的个性化推荐和营销，提高用户满意度和忠诚度。

在消费环节，ChatGPT需要关注用户体验和满意度。通过不断优化产品设计和服务流程，可以提高用户的消费体验。同时，通过收集和分析用户反馈数据，可以了解用户需求和心理，为产品研发和市场推广提供有力支持。

在商业闭环的最后阶段，用户付费是实现价值的关键。通过合理的定价策略和营销手段，可以激发用户的付费意愿。同时，通过与用户建立紧密的关系和信任度，可以提高用户的忠诚度和复购率。

（4）实现商业闭环

在商业模式设计中，实现商业闭环至关重要。

首先，ChatGPT可以通过以下三种模式进行盈利。

①广告、流量模式。通过向用户提供免费服务，吸引大量用户，然后通过广告或流量变现。背后的核心是促使用户投注大量时长和频率，再从中切割广告或流量从而盈利。例如，ChatGPT可以在用户查询信息时展示让用户不反感甚至是有趣的广告，或者将用户流量导向合作伙伴的网站等。

②订阅模式。用户周期性支付一定的费用才能使用ChatGPT的某种服务、特权、功能。这种模式最重要的在于，花钱订阅的东西对用户是否具备"持续价值"。例如，ChatGPT可以提供高级会员服务，提供更多功能和服务；或者提供API和SDK的订阅服务，为开发者提供长期稳定的支持。

③商品模式。通过销售与ChatGPT相关的商品实现盈利。背后的核心是"复购动力和频率"，需要借助ChatGPT这样的大模型延伸出丰富的商品，如文案生成、社媒生成、广告语生成、虚拟人物、明星周边。

以上三种盈利模式之间不是非此即彼的。

其次，在成本方面，ChatGPT的成本结构主要包括人力成本和非人力成本。人力成本是指开发、运营、维护、销售ChatGPT服务所需要的人工成本，另外还需要考虑办公场地、器材购买、人力和行政等费用。人力成本一般是大头，但是可以选择远程协作＋服务外包等多种方式降低。非人力成本是指服务器租赁、软件许可、调用API等费用，此外搭建相关服务、开发产品并维护、销售也会产生费用。通过优化成本结构，ChatGPT可以实现更高的盈利能力。

计算同等工作量下人工及对应的AI费用，当AI费用小于人工费用，最终结果是盈利大于成本时，就说明这个商业闭环是可以实现的。从资源输入到生产、分发、消费再到用户付费，每一个环节都需要充分考虑盈利和成本因素，在价值链的所有人工环节实现去人工化就是最大的价值。

综上所述，ChatGPT具有广泛的应用前景和巨大的商业价值。在商业模式设计中，需要充分考虑其特点和应用场景，以实现商业闭环和盈利。同时，也需要不断优化成本结构和提升用户体验，以提高竞争力和市场占有率。无论技术多厉害，功能多强大，还是要找到一个应用场景，而且在商业模式设计之初，往往对应用场景的挖掘不到位，所以要跟着用户不断迭代场景。一些看似不起眼的场景，实际上具有巨大的商业价值。

5.2.3　场景还是场景

要想成功地将AI应用到某一领域，首先需要对该领域的业务有足够深入的理解。只有深入了解业务的需求和痛点，才能有针对性地开发出有价值的AI应用。前文梳理过ChatGPT的13个应用场景，这里结合商业画布模型，再对一些具有代表性的场景进行梳理。场景背后就是我们前面提到的事情机会点的具体应用，为读者提供参考和启示。

文本创作是目前最火爆的AI应用场景之一。无论是短文本、长文本还是超长文本，AI都能以惊人的速度生成高质量的内容。从法律、心理咨询到教育、建筑等领域，AI在文本生成方面的应用前景非常广阔。随着技术的不断提升，文本生成领域的市场规模也在逐步扩大。

代码生成、纠错、结构化查询语言、语言转换等领域也是目前海外非常火爆的AI应用场景。尽管AI并不能完全替代程序员，但是在代码辅助写作、快速生成简单模块、自动Bug检查等方面，AI已经展现出了一定的实力。随着技术的不断进步，代码生成等AI应用在提高开发效率、降低开发门槛方面将发挥越来越重要的作用。

然而，客服类应用场景似乎并未能得到足够的关注。目前，各个主流平台都在自研机器人或者和提供相关服务的客服机器人企业合作。然而，由于技术门槛相对较低，这个领域已经成为了一片红海。技术的突破和创新在这个领域可能会面临较大的阻力。

娱乐类BOT（robot，机器人）则是一个充满潜力的增量市场。通过结合情感场景的设计，AI可以提供独特的情感价值。以闲聊交互为核心行动线，穿插剧本设计、剧情推动、用户自主人设构建等玩法，可以减少算力损耗，提高用户体验。这个领域需要充分发挥创意和想象力，探索出更多有趣的应用场景。

工具类（助手类）应用场景也是一个半旧不旧的领域。虽然语音助手、车载语音助手等应用已经相当普及，但是由于实时性等问题，用户体验仍有待提升。不过，由于这些助手非常依赖自身的硬件渠道，因此新的创业公司想要在这个领域取得突破可能会面临较大的困难。然而，工具类Chatbot仍然会积极拥抱新技术，以提升用户体验和推动硬件渠道的增长。

专业类应用场景则需要具有独特领域知识的Chatbot，如法律咨询机器人、投顾机器人、心理咨询机器人等。这些机器人需要满足专业要求高、结果输出要求稳定且高质量、部分场景使用频率偏低及极度需求高质量的专业数据等特点。由于技术难度较大，这个领域的市场规模相对较小。然而，随着技术的不断进步和专业数据的积累，专业类Chatbot也有可能会成为未来的明星应用。

最后，让我们来看看交互模式的变化。传统的游戏交互方式已经不能满足玩家的需求。随着GPT等技术的发展，自然语言交互和文本交互正在成为新的趋势。未来，我们或许可以看到更加智能化的NPC（非玩家角色）决策逻辑、更加丰富多彩的世界背景构建及全新创造的语言等方式，让游戏体验更加丰富和逼真。对于技术，我们应该永远抱有期待和憧憬。

5.3
普通人如何赚钱？

普通人能否利用ChatGPT赚钱？答案是肯定的，这里先给出一些指导性原则和框架，然后再进一步列出相应策略。

5.3.1 普通人的机遇

当今时代，虽然赚钱方式多种多样，但对普通人来说，找到一种既轻松又高效的方式却难上加难。然而，ChatGPT的出现，为我们提供了赚钱的新工具，让普通人有了实现财富增长的新机遇。

（1）财富增长

普通人实现财富增长的传统方式主要包括以下三种。

· 劳动收入：大多数普通人通过在工作中付出劳动获取报酬。这种方式虽然稳定，但财富增长的速度较慢。

· 创业：创业是另一种常见的赚钱方式。普通人可以通过开办自己的企业或提供服务来获取市场利润。然而，创业需要一定的资金、机遇、勇气及应对各种不确定和风险的能力。

· 投资理财：通过投资股票、基金或其他金融产品，可以在市场经济中获得收益。但这种方式需要一定的专业知识和经验，同时市场波动也可能带来投资失败的风险。

除了以上三种方式，如果个人在某个领域有特定的技能或知识，也可以选择提供咨询服务或成为自由职业者。而那些懂得开发和利用自己资源的人，也能找到获取收入的新途径。

（2）独特优势

与传统的赚钱方式相比，普通人利用ChatGPT赚钱具有以下独特的优势。

·降低了门槛：ChatGPT让内容创作等过程变得更加高效，节省了大量的时间和精力。这意味着每个人都有机会利用自己的技能和知识来赚钱。

·初始投资低：使用ChatGPT进行内容创作或其他任务时，无须支付高昂的工资或佣金，甚至可以零成本创业。

·自由的工作方式：ChatGPT让每个人都能更自由地安排自己的时间和工作方式，更好地平衡工作和生活。

·场景多样性强：ChatGPT可以适用于多种场景和领域，无论是内容创作、自媒体运营还是电商销售，都可以通过使用ChatGPT实现财富增长。这使得利用ChatGPT进行赚钱具有更强的适应性和灵活性。

（3）指导原则

想通过ChatGPT实现财富增长，以下几个指导性原则至关重要。

·技术深入理解：我们需要投入大量时间去理解ChatGPT的原理、模型架构、数据集等，这是进行任何商业实践的基础。只有对技术有深入的理解，才能在产品与服务设计上取得突破，更好地满足客户需求。

·保持开放与谨慎：人工智能技术的更新速度如此之快，我们需要保持开放的心态不断学习和吸收新知识，同时也需要理性地认识到任何技术的限制，特别是对ChatGPT的依赖性和局限性持谨慎态度。在面对客户时也要公正地阐述技术的两面性，避免过度承诺或误导客户。

·关注监管与伦理：人工智能的发展与应用离不开法律与伦理的规范。我们需要关注ChatGPT技术与相关产品服务在监管与伦理方面的要求，确保在设计与落地过程中不会触及雷区或者引发负面影响。这需要我们对法律和伦理有所涉猎，并在具体实践中持续关注相关政策和法规的变化。

·发展垂直专业领域：ChatGPT作为一个泛化的语言模型，其表现更加依赖于领域数据的训练。我们应该在一两个垂直行业内深入发展，利用这些行业的数据不断优化 ChatGPT，设计出高度定制化的产品与服务。这需要我们深入理解行业痛点与用户需求，才能开发出真正解决问题的人工智能应用。通过专注于特定领域，我们能够更好地满足客户需求，提升竞争力。

· 积极探索与改进：任何创新都需要不断地尝试与优化，我们在 ChatGPT 技术与商业模式上的探索也需要持之以恒。要在理论与实践之间不断演进，总结经验和教训，吸收新技术、新知识，不断改进产品与服务，这才能真正打开商业机遇与增长空间。通过不断优化和创新，我们能够不断提升自己的竞争力，适应不断变化的市场需求。

ChatGPT 并不能直接让我们一夜暴富，但它为我们提供了更多实现财富增长的可能性，只要我们充分发挥自己的优势，并学会利用这一强大的工具，就有可能在这个时代找到属于自己的财富之路。

5.3.2 赚钱利器

了解了 ChatGPT 相较于其他赚钱方式的优势后，接下来我们将探讨针对普通人的机会（仅供参考）。

（1）内容创作

内容创作是 ChatGPT 的核心领域，它就像一支魔法笔，可以根据用户的需求快速生成高质量的内容。无论是文章、视频脚本还是社交媒体文案，都能轻松搞定。想要在这方面变现？试试以下策略。

· 广告合作：让内容成为广告的金矿。ChatGPT 可以帮助用户在内容中嵌入广告，通过广告点击率或展示获得收益。

· 知识付费：将优质内容变成真金白银。通过 ChatGPT 生成电子书、课程等付费内容，让读者为知识买单。

· 流量变现：让内容成为流量的磁铁。用 ChatGPT 创作出吸引人的内容，吸引大量读者，再将流量转化为广告或电商收入。

（2）个人品牌 🤖⟩

在自媒体时代，个人品牌的价值愈发凸显。ChatGPT就像一台自媒体加速器，可以帮助用户高效地管理社交媒体账号，自动回复粉丝的留言和问题，甚至可以定制个性化的推送内容。想让这种高效运营转化为收益？试试以下策略。

·广告分成：让自媒体平台成为提款机。通过ChatGPT在自媒体平台上创作内容，赚取广告分成收入。

·会员收入：让专属内容成为会员的特权。通过ChatGPT提供专属文章、视频、社群等会员特权或内容，收取会员费用。

·品牌合作：让个人品牌成为品牌的合作伙伴。通过ChatGPT与品牌合作，为品牌提供宣传和推广服务，获得赞助或佣金。

（3）电商达人 🤖⟩

电商行业的发展日新月异，普通人也能通过ChatGPT在电商领域找到赚钱机会。ChatGPT就像一枚电商指南针，可以帮助分析用户数据和需求，选择热销商品和优质供应商，同时还可以协助进行营销推广。想让电商之路更加顺畅？试试以下策略。

·赚取差价：让ChatGPT成为你的市场分析师。通过分析市场需求，采购热销商品并在电商平台销售，赚取差价。

·佣金收入：让ChatGPT成为你的电商推广助手。与电商平台或商家合作，为商家推广商品并获得佣金收入。

·直播带货：让ChatGPT成为你的直播小助手。利用ChatGPT协助主播进行直播带货，获得直播平台分成或佣金。

（4）自由职业 🤖⟩

自由职业者越来越受到社会的青睐。ChatGPT就像一台自由职业拓展器，可以帮助用户将自己的技能和知识发挥到极致。想让自由职业之路更加宽广？试试以下策略。

·建立个人品牌：让ChatGPT成为你的个人品牌传播者。通过

ChatGPT进行高效的社交媒体管理和内容创作，建立起自己的个人品牌。

· 提供咨询服务：让ChatGPT成为你的咨询专家助手。根据自己的专长和经验，提供专业咨询服务，可以涉及商业策略、营销策划、法律咨询等领域。

· 自由职业拓展：让ChatGPT成为你的自由职业探索者。通过ChatGPT发掘更多自由职业机会，如接单平台、项目合作等。

（5）投资理财

投资理财是实现财富增值的重要途径，然而，很多人由于缺乏经验和专业知识而不敢涉足。ChatGPT就像一位投资顾问，可以根据财务状况和投资目标提供个性化的投资建议和方法。想让投资之路更加稳妥？试试以下策略。

· 了解财务状况：让ChatGPT成为你的财务分析师。通过ChatGPT分析的收入、支出和资产状况，全面了解财务状况。

· 设定投资目标：让ChatGPT成为你的投资目标规划师。与ChatGPT沟通，设定合理的投资目标，如年化收益率、投资期限等。

· 个性化投资方案：让ChatGPT成为你的个性化投资顾问。根据投资目标和风险承受能力，ChatGPT将制定个性化的投资方案。

（6）创意工厂

ChatGPT的巨大潜能使其成为创意产业的强大"创新引擎"，它就像一座创意工厂，可以根据用户需求和行业趋势，将想象力和创新力转化为实际的产品和服务。想让创新和创业之路更加宽广？试试以下策略。

· 点子王：让ChatGPT成为你的创意源泉。通过与用户和行业的交互，ChatGPT可以挖掘出无数潜在的创意和商机。无论是下一段热潮的流行语，还是下一个爆款产品，都在这个"创新引擎"的掌握之中。

·创新实践：让 ChatGPT 成为你的创新实践助手。ChatGPT 的语言模型和算法可以清晰地描绘出从概念到产品的路径，为创新者提供实现梦想的强大工具。

ChatGPT 所带来的商业机遇千变万化，每个人都能基于自身的技能和资源，选择最适合自己的方式来获取收益。然而，无论我们选择哪种商业模式，成功的关键始终在于真正解决客户的问题和痛点，为他们提供有价值的产品和服务。为了实现这个目标，我们需要不断学习、实践，寻求理解客户需求和掌握技术之间的最佳平衡，这才是开启 ChatGPT 商业成功的关键所在。

5.3.3 君子不器

工欲善其事，必先利其器。自古以来，人类就一直在寻找各种工具来帮助我们成长和进步。从石器时代的石器，到工业时代的蒸汽机，再到信息时代的互联网，每一次工具的重大变革都推动了人类社会的巨大进步。在当今这个时代，ChatGPT 也成为了推动人类成长和进步的工具。

然而，随着 ChatGPT 的普及，很多人开始思考如何用它来挣钱。很多人都热衷于探索各种挣钱的方式，试图通过 ChatGPT 来实现财富的增长。但我认为，挣钱从来都不应该是目的，成长才是。财富的增长应该是成长过程中的一种自然结果，而不是追求的目标。如果我们只关注挣钱，而忽视了成长，我们可能会失去更多。

想象一下，如果你是一个运动员，你的目标应该是提高自己的技能，赢得比赛，奖金和赞助只是成功后的自然回报。同样，如果我们专注于提高自己的能力，学习新的知识，创造有价值的东西，那么财富的增长可能会自然而然地发生。

即使我们不能通过 ChatGPT 立即挣钱，我们仍然可以从中获得巨大的满足感。从哲学的角度来看，人生的意义在于追求幸福，而幸福并不仅仅意味着物质财富，更重要的是精神的满足和自我实现。通过学习和使用 ChatGPT，我们可以拓宽自己的视野，提高自己的认知水平，体验到成长的乐趣。这种内心的满足感和成就感是任何物质财富都无法比拟的。

当然，这并不意味着我们应该完全忽视ChatGPT的商业价值，作为一种强大的工具，ChatGPT无疑为我们提供了新的商业机会。我们应该思考如何利用这一工具来提高我们的工作效率，改善我们的生活质量，推动社会的进步，而不是仅仅关注它如何帮助我们立即获取财富。

ChatGPT是一个能够帮助个人成长和进步的新工具，它有着巨大的潜力，可以改变我们的学习方式、工作方式和生活方式。然而，每个人都应该以一种更加全面和长远的视角来看待它，关注它的成长价值而非商业价值。只有这样，作为个人，才能真正利用这一工具来提高自己的能力，实现自己的潜力，创造更加美好的未来。

我们的祖先，早在石器时代，就已经懂得了利用工具，从钻木取火到刀耕火种，工具帮助他们改善了饮食和居住环境。进入工业时代，蒸汽机和机械化的发展，让人们的工作和生活效率得到了飞速提升。而现在，我们有了计算机和互联网，即便在家中也能看到世界的风云变幻。但请记住，君子不器，我们并不是被工具所主导的。

工具虽然强大，但我们有能力支配它们，让它们为我们服务。我们可以在改善物质生活的同时，提高工作效率，甚至提升精神素养。这是工具所无法做到的。因为我们人类是多才多艺的，我们可以同时操作多种工具，而工具只能听从我们的指令，完成我们交给它们的任务。

人类的优势还在于我们的创造性和动物性。正是因为有了创造性，我们才能不断地发明、运用并改良工具。也是因为创造性，我们才能创造出工具无法完成的艺术、建筑、服饰、诗歌、文字和历史。而我们的动物性让我们拥有了工具所无法感知的情感。我们可以感知冷暖、明辨是非、理解爱憎、珍惜情缘、感慨生死，我们并非像程序一样麻木地面对周围的人和事，机械地走完一生。所以，尽管工具对我们有所帮助，但我们人类才是更伟大的存在。

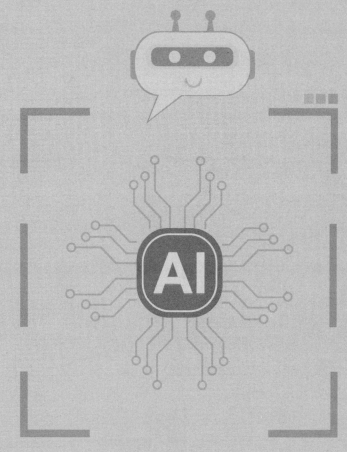

ChatGPT

第6章
如何玩转
ChatGPT？

  ChatGPT正在逐步改变人们的生活，很多人目前使用ChatGPT主要集中在Web界面上，都是执行特定的、通常是一次性的任务，但大语言模型的更强大功能是能通过API调用的，从而快速构建应用程序。在本章中，我们将结合由吴恩达老师与OpenAI合作推出的大模型系列教程，与读者分享玩转ChatGPT的各种技巧和最佳实践。和之前的章节一样，期望通过本章内容，能激发读者的想象力，开发出更出色的语言模型应用。

6.1
如何正确地给ChatGPT提问？

要合理和高效地使用ChatGPT，首先便是要学会如何提问，即如何构建提示工程（Prompt Engineering）。本节我们将关注提示工程，首先介绍为什么需要提示工程，再探讨有效编写提示词的原则与技巧，然后再以文本总结（如总结用户评论）、推理（如情感分类、主题提取）、转换（如翻译、自动纠错）、扩展（如书写邮件）等基础NLP任务为例，展示其提示词设计技巧，最后指导读者基于ChatGPT提供的API开发一个完整的、全面的智能问答系统。在整个过程中，非常鼓励读者自己多尝试不同的提示，实践出真知。

6.1.1　提示词的魔力

ChatGPT正在逐步改变人们的生活，让大语言模型真正发挥作用的是一个容易被忽视的工具——提示词。

（1）运作机制

我们先回顾一下ChatGPT的运作机制。简单来说，ChatGPT是一种大语言模型，它的强大能力来自于对海量文本数据的训练，通过这种方式，它得以掌握人类语言的规律和模式。当用户向ChatGPT提出问题或需求时，它会在这些训练数据中寻找相似的模式，然后生成一个符合这些模式的回答。这种回答往往具有很高的逻辑性和连贯性，这是因为ChatGPT在训练过程中学习到了大量的知识。然而，它并不能真正理解这些知识的含义，而只是能根据统计规律来生成文本。

实际上，尽管ChatGPT在处理文本数据上有很高的能力，但它并不具备真正的理解能力。它无法理解文本的深层含义，也无法判断所生成的文本是否符合人类的价值观念。这就像一个幼童，能够流利地背诵诗歌，但却无法理解其中的含义。

可以将ChatGPT看作是两种大语言模型进化后的产品，一种是基础大语言模型。基础大语言模型被训练成基于文本训练数据来预测下一个单词，通常是在互联网和其他来源的大量数据上进行训练，来确定下一个最有可能的单词是什么。这就像一个词语接龙的游戏，模型会根据先前的词语来猜测下一个词语。

举个例子，如果用户问"法国的首都在什么地方"，根据互联网上的文章，基础大语言模型可能会同时回答"法国最大的城市是什么""法国的人口是多少"等。因为互联网上的文章大多是关于法国这个国家的一系列问答列表。

第二种是经过指令微调的大语言模型，如果用户问"法国的首都在什么地方"，它会回答"法国的首都是巴黎"。这是因为它在基础大语言模型上，又经过了遵循指示的训练，它知道对于"法国的首都在什么地方"这个问题，应当回答"法国的首都是巴黎"这个答案。

指令微调的大语言模型是通过RLHF技术来训练的，RLHF能让模型更好地提供帮助和遵循指令。

（2）意图解码器

上文的指令，其实就是提示词，又称为Prompt。在ChatGPT进行生成和预测的过程中，提示词发挥着举足轻重的作用。一个好的提示词，可以让模型更好地理解用户的需求，进而生成更符合用户预期的文本；而一个差的提示词，则可能导致模型生成的文本偏离用户的需求，甚至产生逻辑混乱。

提示词的出现，实际上是为了帮助大语言模型更好地理解和解码人类的语言意图。提示词可以明确定义搜索的意图和范围，使大语言模型更好地理解用户的需求。在这个过程中，提示词扮演着人类与模型之间的桥梁的角色。

提示词的重要性在于以下几点。

·聚焦目标：通过提供明确的提示词，可以将ChatGPT的注意力集中在所需的主题或任务上，从而减少生成无关的或偏离主题的文本的可能性。

·提高精度：对于基础大语言模型而言，它们可能会受到训练数据中的噪声和冗余信息的影响。而通过使用提示词，可以为大语言模型提供一个明确的方向，从而提高预测的准确性。

·增强互动性：通过使用指令微调的大语言模型，可以利用人类的反馈和指示来训练模型。这种交互不仅使模型更加灵活和适应各种任务，还可以提高生成的文本与人类意图的匹配度。

·提高效率：当用户明确地给出提示词时，模型可以更快地找到与任务相关的信息，从而减少了不必要的文本生成和筛选工作。这不仅提高了生成文本的效率，也节省了计算资源。

提示词可以是一段文本的开头，也可以是一个问题的描述。提示词为ChatGPT提供了一个上下文，让模型能够理解并聚焦于用户所需的信息。

提示词的魔力在于它们开启了一个全新的人机交互模式。在这个模式下，人类通过精心设计的提示词为模型提供清晰的任务和需求，从而让模型更好地理解和满足人类的需求。这种交互模式不仅提高了人机交互的效率，也提高了生成的文本与人类意图的匹配度，自然语言处理的范式也由预训练微调向提示工程演变。

6.1.2　两大原则

设计高效的提示词有两个关键原则：清晰又具体的指令和给予模型充足的时间思考。掌握这两点，对进行有效的ChatGPT交互尤为重要。

（1）清晰又具体的指令

提示词需要清晰、明确地表达需求，提供充足的上下文，尽可能地详细描述每一个细节，不要有任何歧义，使语言模型能准确理解我们的意图。例如，若想要ChatGPT根据一份报告生成一个新闻摘要，我们应该明确提供报告的来源、日期、标题、正文内容等信息，而不仅仅是简单地"根据这个报告写一篇新闻摘要"。

需要注意的是，清晰（clear）的提示并不等于简短（short）的提示，过于简略的提示词往往使模型难以把握所要完成的具体任务。在许多情况下，更长的、更复杂的提示词反而会让大语言模型更容易抓住关键点，给出符合预期的回复，我们需要把想表达的意图讲得非常明确。清晰又具体的指令的核心是要让模型能够准确地理解我们的意图。

从该原则出发，我们可以尝试以下四个技巧。

技巧一：使用分隔符。我们可以使用分隔符来明确指出输入的不同部分，如使用空格、逗号、分号等符号将不同的文本片段分隔开来。这样可以让 ChatGPT 更加清晰地理解我们的意图。

技巧二：要求一个结构化的输出。有时候我们需要 ChatGPT 给出一些结构化的输出，如 HTML 或 JSON 格式的内容，这种输出非常适合在代码中进一步解析和处理。例如，生成一个包含三个编造的书名及作者和流派的列表，以 JSON 格式提供"书名、作者和流派"。

技巧三：要求模型检查条件是否得到满足。如果任务中的假设不一定被满足，可以告诉 ChatGPT 先检查这些假设，如果假设不满足则指出这一点，并在完成任务的过程中停止。这样可以避免出现意外或者错误的结果。

技巧四：提供少量示例。在要求 ChatGPT 执行实际任务之前，我们可以给模型一两个已完成的样例，让模型了解我们的要求和期望的输出样式。利用少样本样例，我们可以轻松"预热"语言模型，让它为新的任务做好准备。例如，我们可以先给出一个祖孙对话的样例，然后要求模型用同样的风格回答相关的问题。这是一个让模型快速抓住我们想要的语调和风格的有效策略。

（2）给予模型时间去思考

设计提示词时，给予 ChatGPT 足够的推理时间至关重要。像人类一样，模型需要时间来思考并解决复杂的问题。如果匆忙催促 ChatGPT 给出答案，结果很可能会不准确。

我们可以通过两种方法来确保 ChatGPT 有足够的时间思考。一是逐步推理，可以在提示词中加入逐步推理的要求，让 ChatGPT 在得出最终结论前先列出对问题的各种看法和推理依据。这样，模型就有更多的时间来思考问题，从而输出更可靠的、更准确的答案。二是重新设计问题，如果一个任务太过复杂，ChatGPT 可能会因为急于求成而给出错误的答案。为了解决这个问题，我们可以尝试重新设计问题，将一个大问题分解成一系列相关的小问题，然后让ChatGPT一步步去解决。这不仅可以帮助ChatGPT更准确地回答问题，还可以使交流过程更流畅。

为了更好地应用这个原则，可以尝试以下两个技巧。

技巧一：制定完成一项任务所需要的步骤，可以帮助ChatGPT更好地理解任务，提高任务的准确性。例如，如果想让ChatGPT总结一段文本并翻译成英文，我们可以让ChatGPT首先用中文简要概括文本内容，然后翻译成英文。这样可以使任务更加清晰明了，有助于提高ChatGPT的准确性。

技巧二：在得出结论之前，明确指导模型找出自己的解决方案。例如，在判断一个数学问题的答案是否正确时，可以让ChatGPT先尝试自己解决这个问题，然后再与提供的答案进行对比。这可以使ChatGPT更深入地理解问题，并做出更准确的判断。

总之，要让ChatGPT更聪明、更准确、更符合我们的期望，就需要充分理解和运用以上两个原则。在给予明确的指令和充足的思考时间的前提下，灵活调整提示词设计策略和技巧，一定能提升ChatGPT的实际效果。

6.1.3　持续迭代

在使用ChatGPT完成任务时，可能不会在第一次就用对提示词，因此我们需要持续迭代提示词，让提示词变得越来越精准。这种迭代并不仅仅是优化现有的提示词，更是一种对自我认知和理解的深化。

（1）警惕幻觉

尽管ChatGPT在训练时已经见识了大量的知识，但在实际应用中，它并不能完全记住所看到的信息，因此，它对自己的知识边界并不完全清楚。这可能导致它在某些情况下会尝试回答一些含糊不清的问题，甚至可能编造一些听起来很有道理但实际上并不真实的事情。我们把这种现象称为"幻觉"。

这种现象在4.2.3节中已经有所提及，ChatGPT有时候会一本正经地胡说八道。例如，当我们输入一个看似普通的提示词时，ChatGPT可能会给出一个非常现实的、听起来却很危险的答案。这是因为这个答案在某种程度上看起来很真实，但实际上却不是。因此，在使用ChatGPT时，我们需要时刻警惕这种幻觉现象，避免被误导。

解决这个问题的其中一个方法是尝试让模型基于文本生成答案，然后再查找这些答案的来源。这种方法有助于我们追溯源文件，从而减少幻觉的出现。

（2）提示词迭代

由于存在幻觉现象，因此我们需要不断地迭代提示词。

为了更好地帮助大家理解如何迭代提示词，这里提供一个框架。

·设定目标：明确所需的任务和预期的结果。在开始编写提示词之前，先问问自己："我希望从这次对话中得到什么信息或结果？"这将帮助我们明确自己的目标，从而更好地选择和使用提示词。

·实施：编写清晰的、具体的提示词。在给ChatGPT提供提示词时，尽可能地清晰、具体，避免使用含糊不清的词汇或短语，因为这可能导致模型产生误解或困惑。同时，考虑给予模型足够的思考时间。虽然模型已经经过了大量的训练，但它们仍然需要时间来处理和消化提示词。

·分析结果：根据模型输出的结果来评估提示词是否有效。我们需要密切关注ChatGPT是否准确地理解了我们的意图，并给出了符合预期的回应。如果模型的回应与预期不符，那么就需要重新审视并调整提示词。

·改进：根据上述分析结果，我们可以不断优化和改进提示词。可以尝试添加更多的细节、更具体的例子或者更明确的指令，以帮助模型更好地理解我们的意图并给出更准确的回应。这个过程可能需要反复进行，但随着时间的推移，将逐渐发现我们的提示词变得更加有效和精准。

在这个过程中，不要害怕犯错误或者尝试新的方法。正是通过不断地迭代和改进，才能逐渐找到最适合我们的应用的提示词。

世上并无完美的、通用的提示词，每个应用都有其独特的需求和挑战，因此没有一种提示词能够适用于所有情况。然而，通过持续的迭代和改进，我们将能够为特定应用找到最佳的提示词。这正是提示工程的魅力所在，也是其核心价值所在。

6.1.4 实用功能

你是否曾经遇到过因为时间紧迫，无法逐篇阅读所有文章的情况？或者想要了解大量评论中客户对于某产品的情感倾向，却苦于无法处理海量文本数据？又或者想要把一段文本转换成另一种语言，却不知道如何入手？在本节中，将分享一些基于ChatGPT的提示词设计原则，帮助我们实现这些实用的功能。

（1）文本总结

在这个信息爆炸的时代，有太多的文字需要我们去阅读，但是，没有人能够做到一一阅读所有文章。因此，我们需要一个工具来帮助我们快速了解文章内容。ChatGPT可以根据提示词来生成符合要求的文本总结。例如，"围绕在×××领域中的应用，总结一下这个产品的评价，并生成摘要"。在这个提示词中，我们明确指出了想要了解的内容（产品评价）、目标领域（×××领域），并强调了需要生成摘要。这样ChatGPT就可以根据这些信息，为我们生成一个简明扼要的文本总结。

（2）推理能力

在处理大量文本数据时，除了需要快速了解内容外，我们还需要从中提取有用的信息。ChatGPT具有强大的推理能力，可以从文本中提取标签、名字、情感等信息。例如，"从这篇文章中提取品牌名称、产品优缺点及客户情感评价。"在这个提示词中，我们指出了需要提取的信息类别（品牌名称、产品优缺点、客户情感评价），这样ChatGPT就可以从文章中提取这些有用的信息。

（3）文本转换

在写作和编辑过程中，我们常常需要对文本进行转换。例如，我们需要把一段英文文本翻译成中文文本，或者需要把一段代码文本转换为可读性更高的文本。ChatGPT可以根据提示词进行文本转换。例如，"将这段HTML代码转换为JSON格式的文本。"在这个提示词中，我们指明了源文本（HTML代码）和目标文本（JSON格式的文本），这样ChatGPT就可以将HTML代码转换为JSON格式的文本。

（4）文本拓展

有时候，我们需要根据一些指示或主题拓展一段文本。例如，我们需要围绕一个主题列表生成一篇较长的文章，或者需要给客户发送一封根据其评论情绪定制的电子邮件。ChatGPT可以根据提示词生成创意性文本。例如，"假设我是一个客户服务的AI助理，根据这个评论情绪（可选择积极或消极），给客户发送一封定制化的电子邮件。"在这个提示词中，我们明确了角色（AI助理）、任务（根据评论情绪发送定制化邮件），并给出了情绪选择（积极或消极），这样ChatGPT就可以根据这些信息，为客户发送一封定制化的电子邮件。

（5）温度参数

温度参数是ChatGPT的一个独特功能，可以改变模型输出的多样性和探索性。温度参数越高，模型输出的多样性越高，探索性越强；温度参数越低，模型输出的准确性越高，但可能缺乏新意。例如，"设定温度参数为70度，以一种创意的方式为我写一篇关于环保的文章。"在这个提示词中，我们明确指明了温度参数（70度）和任务（写一篇关于环保的文章），这样ChatGPT就可以根据这些信息，为我们生成一篇富有创意的文章。

以上就是基于ChatGPT的提示词设计原则的一些实用功能。这些功能可以帮助我们在日常生活和工作中更高效地处理文本数据、更准确地提取有用信息、更方便地进行文本转换、更有创意地拓展文本、更灵活地控制模型输出的多样性和探索性。

是否已经迫不及待地想要尝试这些功能？那赶紧迭代起来吧！

6.1.5 提问秘籍

作为本书福利，这里汇总了一些实用的提示公式模板，供读者们参考。需要强调的是，提示工程是一门真正的学问，实践出真知。

提示公式是提示的特定格式，通常由以下三个主要元素组成。

· 任务：对要求模型生成的内容进行清晰而简洁的陈述。

· 指令：在生成文本时模型应遵循的指令。

· 角色：模型在生成文本时应扮演的角色。

（1）指令提示

提示公式模板："按照以下指示生成[任务]：[指令]"。

<示例>

任务：生成法律文件。

指令：文件应符合相关法律法规。

提示公式："按照以下指示生成符合相关法律法规的法律文件：文件应符合相关法律法规。"

使用指令提示技术时，重要的是要记住指令应该清晰、具体，这将有助于确保输出相关和高质量。可以将指令提示与后续的种子词提示和角色提示相结合，以增强ChatGPT的输出。

（2）种子词提示

提示公式模板："请根据以下种子词生成文本"。

<示例>

任务：编写一首诗。

指令：诗应与种子词"爱"相关，并以十四行诗的形式书写。

角色：诗人。

提示公式："作为诗人，根据以下种子词生成与'爱'相关的十四行诗。"

（3）角色提示

提示公式模板："作为[角色]生成[任务]"。

<示例>

任务：为新智能手机生成产品描述。

指令：描述应该是有信息量的，具有说服力，并突出智能手机的创新功能。

角色：市场代表。

种子词："创新的"。

提示公式："作为市场代表，生成一个有信息量的、有说服力的产品描述，突出新智能手机的创新功能。该智能手机具有以下功能[插入您的功能]"。

在这个示例中，指令提示用于确保产品描述具有信息量和说服力，角色提示用于确保描述是从市场代表的角度书写的，而种子词提示则用于确保描述侧重于智能手机的创新功能。

（4）样本提示

提示公式模板："基于[数量]个示例生成文本"。

＜示例＞

任务：为新电子阅读器撰写评论。

提示公式："使用少量示例（3个其他电子阅读器）为这款新电子阅读器生成评论。"

（5）"让我们思考"提示

"让我们思考"提示是一种技巧，可鼓励ChatGPT生成具有反思性和思考性的文本，适用于撰写论文、诗歌或创意写作等任务。

提示公式模板：用"让我们思考"或"让我们讨论"开头的提示。

＜示例＞

任务：就个人成长主题写一篇反思性论文。

提示公式："让我们思考：个人成长。"

（6）知识整合提示

利用现有知识来整合新信息或连接不同的信息片段。

＜示例1：知识整合＞

任务：将新信息与现有知识整合。

说明：整合应准确且与主题相关。

提示公式模板："将以下信息与关于[具体主题]的现有知识整合：[插入新信息]"。

<示例2：连接信息片段>

任务：连接不同的信息片段。

说明：连接应相关且逻辑清晰。

提示公式模板："以相关且逻辑清晰的方式连接以下信息片段：[插入信息1] [插入信息2]"

<示例3：更新现有知识>

任务：使用新信息更新现有知识。

说明：更新的信息应准确且相关。

提示公式模板："使用以下信息更新[具体主题]的现有知识：[插入新信息]"

（7）信息检索提示

信息检索提示对问答和信息检索等任务非常有用。

提示公式模板："从以下来源检索有关[特定主题]的信息：[插入来源]"。

<示例>

任务：从特定来源检索信息。

说明：检索到的信息应相关。

（8）概述提示

<示例1：文章概述>

任务：概述新闻文章。

说明：摘要应是文章主要观点的简要概述。

提示公式模板："用一句简短的话概括以下新闻文章：[插入文章]"。

<示例2：会议记录>

任务：概括会议记录。

说明：摘要应突出会议的主要决策和行动。

提示公式模板："通过列出主要决策和行动来总结以下会议记录：[插入记录]"。

<示例3：书籍摘要>

任务：总结一本书。

说明：摘要应是书的主要观点的简要概述。

提示公式模板："用一个简短的段落总结以下书籍：[插入书名]"。

（9）对话提示

＜示例1：对话生成＞

任务：生成两个角色之间的对话。

说明：对话应自然且与给定的上下文相关。

提示公式模板："在以下情境中生成以下角色之间的对话[插入角色]"。

＜示例2：故事写作＞

任务：在故事中生成对话。

说明：对话应与故事的角色和事件一致。

提示公式模板："在以下故事中生成以下角色之间的对话[插入故事]"。

＜示例3：开发聊天机器人＞

任务：为客服聊天机器人生成对话。

说明：对话应专业且提供准确的信息。

提示公式模板："在客户询问[插入主题]时，为客服聊天机器人生成专业和准确的对话"。

（10）情感分析

＜示例：产品评论的情感分析＞

任务：确定产品评论的情感。

说明：模型应该将评论分类为积极的、消极的或中立的。

提示公式模板："对以下产品评论进行情感分析[插入评论]，并将它们分类为积极的、消极的或中立的"。

（11）命名实体识别提示

它可以使模型识别和分类文本中的命名实体，如人名、组织机构、地点和日期等。

＜示例1：法律文件中的命名实体识别＞

任务：在法律文件中识别和分类命名实体。

说明：模型应识别和分类人名、组织机构、地点和日期。

提示公式模板："在以下法律文件[插入文件]上执行命名实体识别，并识别和分类人名、组织机构、地点和日期"。

<示例2：研究论文中的命名实体识别>

任务：在研究论文中识别和分类命名实体。

说明：模型应识别和分类人名、组织机构、地点和日期。

提示公式模板："在以下研究论文[插入论文]上执行命名实体识别，并识别和分类人名、组织机构、地点和日期"。

（12）文本分类提示 🤖

<示例：对电子邮件进行文本分类>

任务：将电子邮件分为不同的类别，如垃圾邮件、重要邮件或紧急邮件。

说明：模型应根据电子邮件的内容和发件人对其进行分类。

提示公式模板："对以下电子邮件[插入电子邮件]进行文本分类，并根据其内容和发件人将其分为不同的类别，如垃圾邮件、重要邮件或紧急邮件"。

6.2
ChatGPT有哪些进阶玩法？

学会了如何正确给ChatGPT提问，我们可以进一步衍生出各种各样的"玩法"。这里分别从技术实现视角、垂直领域视角进行探讨，最后再给出一个案例。

6.2.1 三种范式

国外权威机构Leonis Capital统计，当前全球大模型的应用已经覆盖了研发（Research）、本文（Text）、图像（Image）、视频（Video）、语音（Audio）、代码（Code）、游戏（Gaming）及生物技术（Biotech）等领域。从技术实现的视角，这些应用实际上有着千丝万缕的联系，可以总结出三种应用范式：Trans Anything、Ask Anything 和Control Anything，或者说三种"玩法"。

（1）Trans Anything（转换）🤖

Trans Anything指的是不同形式的数据之间的转换，包括代码、文本、图像、视频等不同形式之间的转换。

传统的数据处理方式需要针对不同类型的数据使用不同的技术模型进行处理，十分费力，而现在，类ChatGPT大模型的出现，可以实现不同模态、不同格式之间的转换，从而达到已有模型的统一交互。

以下是应用案例。

代码转代码：不同种类的代码之间的转换，如Python转C，C转Python等，这可以加速代码开发效率。

代码转文本：由代码生成文本，应用场景为代码审查、代码分析。

文本转文本：文生文，应用场景为文本摘要、视频会议纪要等。

文本转代码：由文本生成代码，应用场景为自动代码生成、低代码平台开发，自然语言转SQI等。

文本转图像：文生图，应用场景为根据文本自动作图、广告配图、业务配图等。

图像转文本：图生文，应用场景为自动生成报道、图像解读等。

文本转视频：由文本生成视频，应用场景为游戏、漫画生成等。

视频转文本：由视频生成文本，应用场景为视频总结、视频分析等。

（2）Ask Anything（问答）🤖

Ask Anything是一种以问答形式进行交互的新模式。这种范式对传统搜索引擎和推荐系统带来了巨大的冲击。通过构造问题并得到答案，我们可以在各种复杂文档、知识库、多模态等场景中轻松找到所需的信息。例如，"如何在Excel中制作一个简单的图表？"这样的问题就可以通过答案驱动的方式快速得到解决。

（3）Control Anything（协作）🤖

在多模型应用场景下，如何实现不同模型之间的有效协作是一个关键问题。在这个方面，大模型同样表现出强大的能力。通过集成和调动不同的服务进行合作，集成不同模型的能力，完成一个更大的任务。不同模型、不同服务之间的决策和有效协作，其实是智能体的一个最佳表现，这就像一个高效的办公室工作人员，能够协调不同的人员和工具来完成复杂的任务。

最典型的案例是AutoGPT。AutoGPT的工作原理是：它先设定一个目标，然后将这个目标拆解成多个主任务；之后它分别执行各个主任务，并得到结果；当主任务执行完成后，它还会执行一些额外的子任务。在这个过程中，AutoGPT可以自由地调动各种资源，完成任务。它不仅可以通过命令控制GPT-4等模型进行各种操作，还可以控制各种应用程序、网站等。它就像一个智能代理一样，可以自主完成任务。

以上是ChatGPT的进阶"玩法"，从技术实现的视角归纳出三种应用范式，三种应用范式在大模型的领域中各自扮演着独特的角色，并且相互之间有着密切的关系。

Transfer Anything以其强大的数据处理能力，可以为Ask Anything提供基础数据。无论是在代码、文本、图像还是视频之间进行转换，Transfer Anything都能提供准确的、高效的数据处理，从而使得Ask Anything可以基于这些数据进行更深入的问题解答。

Ask Anything则以其强大的自然语言处理和知识问答能力，可以以QA形式完成多种应用生产并提供服务。无论是面对用户的闲聊，还是针对特定文档的问题，或是复杂的问答场景，Ask Anything都能进行有效的问答交互，提供智慧服务。

Control Anything作为上层可以调度Transfer Anything和Ask Anything，以集成更多的、更全面的力量。通过有效的任务分配和协同工作，Control Anything可以最优地利用这两种能力，实现更高效的、更全面的解决方案，从而提供更优质的服务。

总的来说，这三种范式之间的关系是相辅相成的。通过相互配合，它们可以更好地为用户提供智能服务，满足用户的不同需求。

6.2.2　垂直领域

与通用模型相比，在特定领域或行业中经过训练和优化的垂直领域大模型具有更高的领域专业性和实用性，它们在训练过程中会吸收大量特定领域的专业知识和经验，从而能够更好地理解和处理该领域的问题。表6.1汇总12个领域，共计30个垂直领域微调模型及介绍，供大家参考，也可以看到大模型率先在哪些领域落地。

表6.1 垂直领域大模型介绍

领域	名称	介绍
医疗领域	DoctorGLM	基于ChatGLM-6B的中文问诊模型，通过中文医疗对话数据集进行微调，实现了包括LoRA、P-Tuning v2等微调及部署
	BenTsao（本草）	包括LLaMA、Alpaca-Chinese、Bloom、活字模型等，基于医学知识图谱及医学文献，结合ChatGPT API构建了中文医学指令微调数据集，并以此对各种基模型进行了指令微调
	BianQue（扁鹊）	结合当前开源的中文医疗问答数据集（MedDialog-CN、IMCS-V2、CHIP-MDCFNPC、MedDG、cMedQA2、Chinese-medical-dialogue-data），分析其中的单轮、多轮特性及医生问询特性，结合自建的生活空间健康对话大数据，构建了千万级别规模的扁鹊健康大数据BianQueCorpus。基于扁鹊健康大数据BianQueCorpus，选择ChatGLM-6B作为初始化模型，经过全量参数的指令微调训练得到BianQue
	HuatuoGPT（华佗）	包括基于Baichuan-7B训练得到的HuatuoGPT-7B和基于Ziya-LLaMA-13B-Pretrain-v1训练得到的HuatuoGPT-13B
	ShenNong-TCM-LLM（神农）	以开源的中医药知识图谱为基础，采用以实体为中心的自指令方法，调用ChatGPT得到包含2.6万多中医药指令的数据集ChatMed_TCM_Dataset，基于该数据集以LLaMA为底座，采用LoRA微调得到
	Sunsimiao（孙思邈）	基于Baichuan-7B和ChatGLM-6B底座模型，在十万级高质量的中文医疗数据中微调
	DISC-MedLLM	由复旦大学发布的针对医疗健康对话式场景而设计的医疗领域大模型与数据集，该模型由DISC-Med-SFT数据集基于Baichuan-13B-Base指令微调得到，有效地对齐了医疗场景下的人类偏好，弥补了通用语言模型输出与真实世界医疗对话之间的差距

领域	名称	介绍
心理健康	MeChat	由ChatGLM-6B LoRA 16-bit指令微调得到，数据集通过ChatGPT改写真实的心理互助QA为多轮的心理健康支持对话。该数据集含有56千个多轮对话，其对话主题、词汇和篇章语义更加丰富多样，更加符合长程多轮对话的应用场景
	SoulChat（灵心）	以ChatGLM-6B作为初始化模型，经过百万规模心理咨询领域中文长文本指令与多轮共情对话数据联合指令微调得到
	MindChat（漫谈）	采用了经过人工清洗的约20万条的高质量多轮心理对话数据进行训练，涵盖工作、家庭、学习、生活、社交、安全等多个方面，期望从心理咨询、心理评估、心理诊断、心理治疗四个维度帮助人们纾解心理压力与解决心理困惑，提高心理健康水平
	QiaoBan（巧板）	使用通用域人机对话、单轮指令数据及儿童情感陪伴对话数据进行指令微调，研发出适用于儿童情感陪伴的大模型
法律	HanFei（韩非）	国内首个全参数训练的法律大模型，参数量为7B，主要功能包括：法律问答、多轮对话、撰写文章、检索等
	LaWGPT	在通用中文基座模型（如Chinese-LLaMA、ChatGLM等）的基础上扩充法律领域专有词表、大规模中文法律语料预训练，增强了大模型在法律领域的基础语义理解能力。在此基础上，构造法律领域对话问答数据集、中国司法考试数据集进行指令精调，提升了模型对法律内容的理解和执行能力
	ChatLaw	由北大开源的一系列法律大模型，使用大量法律新闻、法律论坛、法条、司法解释、法律咨询、法考题、判决文书等原始文本来构造对话数据，包括基于姜子牙-13B、Anima-33B训练而来的ChatLaw-13B和ChatLaw-33B。此外，还开源了ChatLaw-Text2Vec，使用93万条判决案例做成的数据集基于BERT训练了一个相似度匹配模型，可将用户提问信息和对应的法条相匹配
	wisdominterrogatory（智海-录问）	由浙江大学、阿里巴巴达摩院及华院计算三家单位共同设计和研发的法律大模型，基于Baichuan-7B进行了法律领域数据的二次预训练与指令微调，并设计了知识增强的推理流程

领域	名称	介绍
法律	JurisLMs	基于中文法学语料训练了一系列语言模型，包括：① 可解释法律判决的预测模型AI Judge，由GPT-2在法学语料上进一步预训练之后，结合一个法条适用模型（一个基于BERT的分类器）微调得到，不仅能够给出判决结果，还能给出相应的法院观点；② 智能法律咨询模型AI Lawyer，采用主动学习在少量数据上进行微调得到，可以根据用户咨询适用正确的法律法规回答问题
金融	FinGPT	包括ChatGLM2-6B+LoRA和LLaMA2-7B+LoRA等金融大模型，收集了包括金融新闻、社交媒体、财报等中英文训练数据
金融	XuanYuan（轩辕）	国内首个开源的千亿级中文对话大模型，同时也是首个针对中文金融领域优化的千亿级开源对话大模型。XuanYuan在BLOOM-176B的基础上针对中文通用领域和金融领域进行了针对性的预训练与微调，它不仅可以应对通用领域的问题，也可以解答与金融相关的各类问题，为用户提供准确的、全面的金融信息和建议
金融	Cornucopia（聚宝盆）	基于公开和爬取的中文金融领域问答数据构建指令数据集，并在此基础上对LLaMA系模型进行了指令微调，提高了LLaMA在金融领域的问答效果
教育	桃李（Taoli）	基于目前国际中文教育领域流通的500余册国际中文教育教材与教辅书、汉语水平考试试题及汉语学习者词典等，构建了国际中文教育资源库。通过多种形式的指令构造了共计88000条的高质量国际中文教育问答数据集，并利用收集到的数据对模型进行指令微调，让模型习得将国际中文教育知识应用到具体场景中的能力
教育	EduChat	主要研究以预训练大模型为基底的教育对话大模型相关技术，融合多样化的教育垂直领域数据，辅以指令微调、价值观对齐等方法，提供教育场景下自动出题、作业批改、情感支持、课程辅导、高考咨询等丰富功能，服务于广大老师、学生和家长群体，助力实现因材施教、公平公正、富有温度的智能教育

领域	名称	介绍
自媒体	MediaGPT	首先在大规模自媒体语料上进行连续预训练，系统地学习自媒体的知识体系。然后，借助ChatGPT收集了一批关于抖音运营、短视频创作、巨量千川投放、直播运营、直播话术技巧等领域知识问题的分析和回答，并利用这些数据对模型进行指令微调，使模型习得如何将自媒体知识应用到实际场景中的能力
电商	EcomGPT	基于ＢＬＯＯＭＺ对电商领域指令微调数据集EcomInstruct进行微调，在12个电商评测数据集上的人工评估超过ChatGPT
政务	YaYi（雅意）	该模型在百万级人工构造的高质量领域数据上进行指令微调得到，训练数据覆盖媒体宣传、舆情分析、公共安全、金融风控、城市治理等五大领域，支持上百种自然语言指令任务
天文地理	StarGLM	整合司天工程相关的语料数据与知识库资料，训练得到天文大模型StarGLM，以期缓解大语言模型在天文通用知识和部分前沿变星领域的幻觉现象，为接下来可处理天文多模态任务、部署于望远镜阵列的观测Agent——司天大脑（数据智能处理）打下基础
	K2	该模型在LLaMA的基础上使用地球科学文献和维基百科数据进行预训练，然后使用GeoSignal数据集进行指令微调
交通	TransGPT（致远）	致力于在真实交通行业中发挥实际价值。它能够实现交通情况预测、智能咨询助手、公共交通服务、交通规划设计、交通安全教育、协助管理、交通事故报告和分析、自动驾驶辅助系统等功能。TransGPT作为一个通用常识交通大模型，可以为道路工程、桥梁工程、隧道工程、公路运输、水路运输、城市公共交通运输、交通运输经济、交通运输安全等行业提供通用常识。以此为基础，可以落脚到特定的交通应用场景中
网络安全	AutoAudit	其目标是为安全审计和网络防御提供强大的自然语言处理能力。它具备分析恶意代码、检测网络攻击、预测安全漏洞等功能，为安全专业人员提供有力的支持

领域	名称	介绍
科研	TechGPT	该模型面向计算机科学、材料、机械、冶金、金融和航空航天等十余种垂直专业领域，涵盖了领域术语抽取、命名实体识别、关系三元组抽取、文本关键词生成、标题生成摘要、摘要生成标题、文本领域识别、机器阅读理解、基础常识问答、基于上下文的知识问答、建议咨询类问答、文案生成、中英互译和简单代码生成等多项自然语言理解和生成能力
	Mozi（墨子）	可以用于科技文献的问答和情感支持

上述这些领域的共同特点是需要处理大量的专业数据和信息，且这些数据和信息通常是结构化或者半结构化的，并且需要按照一定的规则和标准进行决策，大模型的应用落地可以帮助提高工作效率、降低成本、提高用户体验并促进创新。

6.3
有哪些好玩的GPT类产品？

这里搜集了ChatGPT的有趣用法，帮助读者打开思路。

6.3.1 有趣的例子

（1）克隆心仪网站

曾否为某个网站的独特设计风格所惊艳？想能"复刻"出那个迷人的网站。

首先，把心仪的网站"截图"，然后交给ChatGPT的图像识别功能，它将这个图像转化为HTML和CSS代码。接下来，只需在提示词中输入"请根据这张图片，重新创建UI，不要跳过任何内容。在一个HTML文件中编写所有代码，并使用Tailwind CSS进行样式设置，确保正确布局。使用上传的图片，一步一步地思考。"最后，将看到ChatGPT生成的与原网站风格极其接近的HTML代码。

（2）室内设计大变身

对家中的装修不满意？

只需输入一张室内照片，以及提示词"我如何装修这个房屋"，ChatGPT就会提供关于颜色、灯光、植物、艺术、家具、镜子、窗户等方面的全方位改造建议。

（3）探寻风景的秘密

是否在网上发现了一张美轮美奂的风景照片，却苦于不知道它的拍摄地？

利用ChatGPT的图像识别功能，只需输入提示词"这是在哪里"，神秘的风景"宝藏"地点就会立刻显现。

（4）读懂古老文字

是否因为一张古老的图片上模糊不清的文字而困扰不堪？

只需输入提示词"你能读它吗？"，ChatGPT就会解读出这些"密码"，瞬间读懂那些隐藏的信息。这不仅是一种娱乐方式，也是一种跨学科的研究方式，它能够让学术研究变得更加有趣和直观。

（5）科学图片轻松解读

复杂的专业图片让人无从下手？

只需要输入相应的专业图片和提示词"你能帮我理解它吗？"，ChatGPT就会用简单易懂的语言来解释图片中的科学原理和知识。这种方式不仅让学生更容易理解科学知识，还能为科学研究和探索提供新的视角和方法。

（6）零基础做游戏

想从零开始制作一款像星际飞船击落陨石的游戏？只需输入提示词"编写小行星游戏的 p5.js 代码，你可以用鼠标控制一艘宇宙飞船，然后用鼠标左键射击小行星。如果你的宇宙飞船与小行星相撞，你就输了。如果你击落所有的小行星，你就赢了！我想用我自己的素材来制作宇宙飞船和小行星"。

ChatGPT就会生成一个完整的游戏代码，然后只需将这段代码粘贴到OpenProcessing网站上，创建一个程序项目。最后用 Midjourney、ClipDrop等AI画图工具为游戏生成纹理材质，替换掉项目中的图片。一款游戏Demo就这样诞生并可以在线试运行了。

（7）金融分析师

想分析特斯拉的股票走势？

只需搜集数据，画出特斯拉股票的走势图，并输入提示词"请分析特斯拉股票的走势图"。ChatGPT就可以提供详细的数据分析和预测。通过这种方式，可以快速了解股票市场的动态并做出相应的决策。

以上这些案例只是一小部分，ChatGPT的潜力远不止于此，从科学探索到日常生活，从创意设计到文学创作，可以根据自己的需求结合提示词进行进一步的尝试和创新。

6.3.2　虚拟小镇

在科幻电视剧《西部世界》中，我们看到了一个令人震撼的虚拟成人主题乐园，每个机器人都有自己的记忆和故事，每天都会进行自我重置。如今，这一情景已经走出荧幕，在斯坦福大学研究者的努力下，基于GPT-3.5-turbo大模型，他们构建了一个名为Smallville的虚拟小镇。

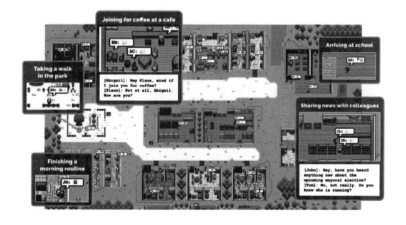

（1）虚拟社会 🤖

Smallville 小镇上有 25 个 AI 智能体，他们拥有工作、生活、社交甚至举办情人节派对的能力。每个 AI 智能体都有独特的个性和背景故事，它们就像现实世界中的居民一样，每天在这个小镇上过着丰富多彩的生活。

Smallville 不仅是一个虚拟世界，更是一个社会实验。在这个实验中，研究者们让 AI 智能体自主行动，形成社会共识，表现出惊人的类人行为。那么，这些 AI 智能体的行为有多像人呢？举个例子，如果它们看到厨房着火了，它们会走过去关掉炉子；如果看到浴室有人，它们会在外面等待；如果遇到一个想交谈的个体，它们会停下来聊天。这些 AI 智能体的行为完全由它们自己决定，没有剧本，只有自主生成的行为。

这种 AI 智能体不仅能够记住新的信息，还能传递和扩散信息，甚至会形成新的社会共识。这种高度拟人化的反馈回路，让游戏中的 NPC 不再只是简单的脚本，而是可以与玩家进行深度交互的"小镇居民"。

随着项目的开源，这种 AI 智能体将在更多领域产生影响，特别是游戏行业。未来的计算机游戏可能会有整个虚拟城市的人口，每个人都有自己的生活、工作和爱好，玩家可以与它们互动，就像在现实世界中一样。在这种游戏中，玩家最大的乐趣可能不是作为主角来主导游戏进程，而是作为游戏世界的参与者甚至旁观者，观察其中的人生百态与世态炎凉。也就是说，可能会产生游戏与影视的中间形态。

（2）社会科学 🤖

此项研究也为社会科学带来了新的研究工具。社会科学一直饱受诟病的问题是无法重复实验。在自然科学领域，只要设定好实验环境，就可以多次重复实验，用来验证理论假设的科学性。然而在社会科学研究中，社会环境的变化因素极其复杂。例如，在经济学、社会学领域，现实环境无法完全被复制，因此只能在对真实事件调查研究的基础上，寻找社会现象之间的因果关系，做出理论提炼与解读。

然而，随着 AGI 的发展，我们有可能在虚拟世界中打造出更加真实的仿真社会。例如，在 Smallville 项目中，研究人员们通过给 AI 智能体设定身份和基本任务，然后让它们自主生成行为和社交互动。这种由AI智能体构成的社会可以形成新的社会共识，研究人员们可以观察并分析这些共识的形成过程和社会影响。

这种可重复的实验环境将可能为社会科学研究提供新的研究工具。通过在虚拟世界中模拟社会政策的应用效果，我们可能可以加速经济社会政策的优化进程。这也就意味着，通过这种方式，我们能够更高效地模拟出社会政策的应用效果。

（3）AGI与元宇宙

斯坦福大学Smallville项目的价值并不仅仅在于其娱乐或游戏方面的影响，该项目的深远影响在于其对AGI的探索及它如何为实现元宇宙奠定基础。

AGI是指能够生成自然语言的AI模型，这种模型不仅可以理解并生成人类语言，还可以通过推理、判断和自我学习来改进其性能。随着AGI的发展和完善，它将有可能实现许多在现实世界中难以实现的事情，如预测未来、制定最优策略或者进行高质量的创造性工作。因此，AGI被认为是人工智能发展的下一阶段——也就是进入"奇点"的重要步骤。

同时，Smallville项目也为元宇宙的创建提供了启示。元宇宙是当前科技界最热门的话题之一。简单来说，元宇宙就是一个虚拟的、三维的、由用户生成的、类似于真实世界的空间。在这个空间中，用户可以与朋友进行社交、探索新的世界、进行各种娱乐活动及参与各种商业活动。Smallville项目所创建的仿真社会和高度交互性为元宇宙的发展提供了思路和灵感。

《西部世界》的科幻设定正在逐渐成为现实，AI智能体的能力也在不断提升，虽然我们不能完全确定这些AI智能体的未来会如何发展，但是我们可以肯定的是，它们将会为我们的生活带来更多的可能性。

6.3.3　为自己训练一个机器人

你是否曾经梦想过拥有一个自己的机器人助手，随时为你解决工作和生活的问题？现在，这个梦想不再遥不可及！本节我们将为读者介绍训练一个机器人的基本步骤。

（1）明确需求 🤖

首先，需要明确机器人助手在业务中的具体作用。是为了降低人力成本、提高工作效率，还是进行客户服务的自动化？明确需求后，才能有针对性地训练机器人助手。

（2）搜集并处理数据 🤖

为了让机器人助手能够更好地服务，需要为它提供足够的学习资料。这些资料可以包括各种文本、图片、音频等数据，但需要确保数据的质量。同时，根据实际业务需求，可以将这些数据进行分类，如客户服务准则、服务流程、常见问题解答等。

（3）选择合适的类型 🤖

现在在市面上的机器人助手类型各异，选择适合需求的机器人助手至关重要。一般来说，简单的问答场景，如客服、翻译等，可以选用短记忆型机器人；而复杂的对话场景，如心理咨询、法律咨询等，则可能需要具备短记忆和长记忆能力的机器人助手。

（4）编写身份证明 🤖

在训练机器人助手之前，需要为它设定一个身份，包括角色、技能、个性等。例如，可以设定一个"专业售后服务人员"的机器人助手，它具备出色的沟通技巧和服务能力，并且始终保持礼貌和耐心。此外，还可以为它设定一套思考方式和流程（链式思考），让它在实际解决问题的过程中能够按照我们的期望进行思考和操作。

（5）训练并优化 🤖

将收集到的数据以合适的方式输入给机器人助手进行训练。目前，常见的知识输入方式包括导入文档（如.docx、.md等）、网站爬取、在线文本和在线问答等。在训练完成后，可以使用向量搜索功能来测试机器人助手的实际表现，观察它是否能够有效地解决实际问题。

（6）反复训练和调试 🤖

在实际使用过程中，机器人助手可能需要不断地进行训练和调试。例如，可以根据用户的聊天记录来训练机器人助手，让它更加接近实际的用户使用场景。此外，调试模式可以帮助在使用机器人助手的同时调整它的参数，以实现最佳的性能表现。

（7）拓展能力 🤖

在实际业务中，机器人助手的用途远不止客户服务问答。通过插件能力和可视化流程构建，可以进一步拓展机器人助手的能力范围。例如，可以为机器人助手添加自动发送邮件、记录客户信息等功能，让它成为工作中的得力助手。

（8）连接并使用 🤖

最后一步是将训练好的机器人助手与业务连接起来。可以通过API、iframe网页嵌入、bubble网页小部件等方式实现这一目标。这样，就可以在实际业务中使用机器人助手来解决问题了。

通过以上八个步骤，已经成功地训练了一个智能机器人助手，可以随时随地让它解决问题，提高工作效率。以上所有步骤细节，都可以咨询ChatGPT如何实现。

6.4
如何选择一个合适的大模型？

市面上有多少大模型？具体数量可能已经难以统计，这些五花八门的大模型，究竟该如何挑选？本节我们先介绍一些大模型挑选的原则，然后针对闭源和开源热点话题进行详细讨论，最后引入一些中立三方评测机构，对市面上常见的大模型进行比较。

6.4.1 挑选指南

面对层出不穷的、迭代速度飞快的大模型，这里介绍一种相对简单、通俗和结构化的挑选指南。

（1）明确需求与任务 🤖

首先，要明确需求和任务。不同的大模型在不同类型的任务上的表现可能会有天壤之别。思考以下问题：我需要解决什么问题？我需要什么样的输出结果？我需要多大的数据量来训练模型？

大量的、高质量的数据是训练出好模型的基础，如果手头的数据资源有限，那么可能需要寻找那些能够适应小数据量的模型。

在B端，我们需要考虑大模型的技术、产品、服务与生态等众多维度。一个成功的大模型不仅需要具备先进的技术和算法，还需要主体公司具备足够的行业Know-how。只有这样，大模型应用才能真正与我们的需求相结合，解决实际业务问题。

在C端，我们可以根据使用场景来选择合适的大模型，是撰写文字、制作图像，还是构思创意、制作视频，或者是处理文件和数据、获取信息学习知识，都有许多各具特色的大模型供选择。

（2）超大模型，并非万能 🤖

根据大模型的参数规模，可以将大模型分成两大类：一类是万亿级别的超大模型，一类是数百亿级别的普通大模型。模型的参数量是影响模型性能的一个重要因素，但不是唯一因素。超大模型虽然具备处理更复杂问题的能力，但需要更多的计算资源和时间来训练，因此，在应用层，百亿或数百亿参数级别的普通大模型反而更适用。

对于新手来说，一个常见的误区是认为越大的模型越好，其实并非如此。在许多情况下，通用的大模型并非唯一的解决方案，尤其是对于特定的行业应用，这时，针对特定任务的垂直大模型可能更加合适。

垂直大模型是相对于通用大模型而言的，它专注于某一特定领域的任务。例如，对于一个芯片设计的应用，需要的大模型应该能够回答与芯片设计相关的问题，而不是明星八卦等无意义的问题。而且，即使是同一行业，如金融行业，其内部的不同工种（如人力资源、财务、法务等）都有各自特定的流程和知识，因此每个工种也需要有自己专属的垂直大模型。

（3）开源与闭源的权衡 🤖

许多大模型都是开源的，这意味着我们可以找到相关的代码、论文和其他资源来帮助理解和使用这个大模型。但是一些大模型可能没有开源，需要我们自行联系大模型的开发者或所有者来获取相关信息。

大模型技术本身并没有壁垒，开源总有一天会迎头赶上。未来，开源一定会与闭源并存，甚至分庭抗礼。

（4）关注最新研发进展 🤖

模型技术是一个快速发展的领域，不断有新的模型和技术出现。我们需要时刻关注相关的学术会议、期刊和博客，了解最新的研发进展，这将有助于找到最适合的大模型。

（5）原型测试很重要 🤖

在最终选择大模型之前，对一些大模型进行原型测试非常重要。这意味着可以使用一些样例数据来训练和测试这些大模型，观察哪个大模型在任务上表现得最好。原型测试将帮助我们更准确地评估大模型的性能，避免选择不适合的大模型。

挑选大模型并没有固定的规则和步骤，这需要根据具体情况和需求来灵活调整。在选择大模型时切忌贪多求全，一定要结合自己的实际需求，选择最适合自己的方案才是最重要的。

6.4.2　开源还是闭源

开源与闭源的起源和定义可以追溯到软件开发的早期阶段，如今这个概念已延伸到大模型的领域。大模型开源与闭源的争论，不只是程序员之间代码的秘密战争，而是关乎未来 AI 生态格局的较量。

（1）什么是开源 🤖 〉

简单来说，开源是开放的源代码，任何人在符合版权规定的情况下都可以获取、修改甚至重新开发源代码。相对地，闭源则是只有源代码的所有者才能对源代码进行修改和再开发，其他人只有在购买使用权后才能使用软件。

同样，在大模型的领域中，开源和闭源之争也正激烈展开。大模型的开源和闭源主要是指大模型的源代码和训练数据是否公开。开源大模型意味着任何人都可以查看和修改大模型的源代码和训练数据，甚至可以将它们重新用于其他新的软件。而闭源大模型则只有大模型所属的企业才能使用和修改，对于大模型的技术细节则秘而不宣。

注意，并非公开了源代码就算是开源，公开源代码和开放源代码是两回事。

（2）竞争策略 🤖 〉

在商业模式的视角下，开源并非为爱发电，而是有着深远商业考量的一步棋。以谷歌为例，它之所以选择开源安卓系统，就是在下一盘目光长远的棋。通过开源安卓系统，谷歌成功地扩大了市场份额，打击了竞争对手，同时又通过Google Play等手段控制了生态，实现了商业利益的最大化。

同样，大模型的开源和闭源也是企业竞争策略的一种体现。

一方面，有些企业坚持开源，如Meta。2023年3月，Meta发布了开源大模型LLaMA，任何人都可以免费用于研究。到了2023年7月，Meta发布了LLaMA 2，公开了技术论文和源代码，任何人都可以免费用于研究和商业用途。

同时，一些企业选择从开源走向闭源，如OpenAI。这家公司2018年发布的GPT-1是完全对外开源的；2019年发布GPT-2，分四次开源完整代码；而到了2020年发布GPT-3时，它通过论文公开了技术细节，同时用户可通过API的方式使用模型资源，这是一种部分开源的状态。然而到了2022年11月推出的GPT-4，OpenAI并没有公开论文披露细节，仅开放了API。最近的GPT-5也依然采用相同的策略。

另一方面，也有一些企业坚持闭源，如华为。华为在发布盘古大模型3.0时公开表示，盘古大模型全栈技术均是由华为自主创新的，没有采用任何开源技术，未来盘古大模型也不会开源。

另外，还有一些企业则从闭源走向了开源和闭源并行，智谱AI是其中的代表。根据智谱AI的官网，GLM2不限实例+不限推理或微调工具包的私有化，需要收费；然而2023年7月，智谱AI和清华KEG发布公告称，为了更好地支持国产大模型开源生态，ChatGLM-6B和ChatGLM2-6B权重对学术研究完全开放，并且在完成企业登记获得授权后可以免费地用于商业用途。同时，ChatGLM2-12B、ChatGLM2-32B、ChatGLM2-66B、ChatGLM2-130B等模型仍为闭源。

在我国，超半数的大模型已开源。

（3）如何选择

开源和闭源都有其自身的优势和劣势。在如何选择这个问题上，我们需要考虑如下几个因素：使用成本、场景容错率、自身的技术能力、客户响应及数据安全。

使用成本方面，开源模型可以省去购买软件的费用，降低成本。但另一方面，由于开源社区的特性，可能需要花费更多的时间和精力去调试和优化模型；场景容错率方面，开源模型具有更高的灵活性和可定制性，但可能需要更多的调试和优化工作；自身的技术能力方面，开源模型要求使用者具有一定的技术能力去理解和修改代码，而闭源模型则要求相对较低；客户响应方面，开源模型可以获得更多的社区支持和反馈，但可能需要更多的时间和精力去筛选和整合信息；数据安全方面，开源模型虽然可以获得更多的安全漏洞检测和修复的支持，但也可能因为暴露在公共视野中而增加数据泄露的风险。

随着技术的不断发展和市场竞争的加剧，大模型的开源与闭源也可能会呈现出新的趋势。一方面，随着AI技术的普及和应用场景的拓展，大模型的应用将更加广泛，因此大模型的开源将有助于社区的发展和大模型的快速迭代；另一方面，随着数据安全和知识产权保护意识的提高，一些具有核心技术和商业价值的大模型可能会选择闭源，以保护企业的商业利益和技术创新。

开源与闭源之争，本质上是对创新、共享和控制的权衡，对于大模型来说，在能力层面没有绝对的区别。因为基于开源模型也需要做预训练、强化学习、Inference优化、清洗数据等工作，它只是降低了冷启动的门槛。开源一定会与闭源并存，每个企业都需要根据自己的实际情况和战略目标来做出选择，但是无论选择哪种道路，开源和闭源都有其存在的价值和意义。在今后的AI时代，这是一场无法避免的辩论。

6.4.3　中文大模型PK

在全球大模型的竞赛中，国内的中文大模型已经悄然崭露头角，它们表现如何？与ChatGPT相比有哪些优劣势？这里引用三方机构评测结果，对比分析国内外的中文大模型，探讨其优缺点及改进方向。

（1）国内大模型的现状

我们可以大致将国内大模型分为四类：科技大厂的大模型、明星创业团队的大模型、高校研究团队的大模型、自带垂直场景应用的中型企业大模型。它们虽然背景各异，但在AI的大潮中，都展现出了强大的活力。

表6.2选取了国内首批通过《生成式人工智能服务管理暂行办法》备案的且都可公开免费体验的中文大模型，包括文心一言、讯飞星火、智谱清言、豆包、商量、通义千问、混元和百川智能。

以上这些大模型都是通用型智能助手，不仅具备多轮对话、文本理解与创作、数理逻辑推理等众多创作类功能，还能在灵感生成、聊天陪伴、知识获取等多个方面提供服务。在细分场景中，这八个大模型主要用于灵感生成、聊天陪伴、知识获取等，部分应用还针对具体细分场景提供了垂类AI助手，如写小红书文案、餐厅点评、旅游攻略等。

此外，这些大模型的多模态能力也不尽相同，虽然它们都有文本理解与生成能力，但目前仅有四款应用具备语音交互能力，四款具备图像生成能力，而讯飞星火更是拥有文本生成视频能力。

（2）横向对比

在横向对比中，我们发现各应用之间存在差异化的定位。百度文

表6.2 国内大模型介绍

公开发布的AI ToC应用	文心一言	讯飞星火	智谱清言	豆包	商量	通义千问	混元	百川智能
所属公司	百度	科大讯飞	智谱华章	字节跳动	商汤	阿里巴巴	腾讯	百川智能
体验位置	APP，网页版	APP，网页版	APP，网页版	APP，网页版	网页版	网页版	网页版（需申请内测）	网页版
底层模型	文心一言	讯飞星火	ChatGLM2	云雀	书生·浦语 InternLM-123B	通义千问	混元	百川智能
基本功能	多轮对话、文本理解与创作、数理逻辑推理、角色扮演							
应用场景	灵感生成、知识获取、聊天陪伴							
提供多个细分应用场景	是	是	是	是	暂无	是	是	暂无
特色功能	—	助手创建	为指令输入提供模板	—	—	—	—	有
多模态能力	有	有	有	有	暂无，但日日新的其他模型为多模态	暂无	有	暂无
文本输入与输出	有	有	有	有	有	有	有	有
语音交互	有	有	有	有	暂无	暂无	暂无	暂无
图像识别与生成	有	有	可生成图像，目前仅PC网页端可识别图像	可生成图像，但仍在beta阶段	暂无	暂无	将具备文生图能力	暂无
其他多模态能力	暂无	文本生成视频	暂无	暂无	暂无	暂无	暂无	暂无
插件	已有文档摘要问答等4个插件	已有简历生成等3个插件	暂无	暂无	暂无	暂无	暂无	暂无
指令或对话分享社区	有	暂无	有	暂无	暂无	暂无	暂无	暂无

心一言、讯飞星火被称为"六边形战士"，在众多细分应用场景中都能提供垂类AI助手解决特定任务；通义千问划分了相应垂类AI助理，但数量少于前两者；同时，智谱清言、豆包分别偏向于办公效率工具、日常生活助手；商量是商汤多模态模型系列日日新中的文本对话应用，系列内其他应用具备图像、视频、3D模态的生成能力；百川智能功能则相对较少，主要围绕文本。8个AI应用的综合能力对比见表6.3。

这些大模型在文本理解与生成方面表现均较好，如时效性、科普、大纲生成、逻辑推理等。同时也能有效识别不合逻辑的问题，为用户输出合理的结果，并保障输出结果安全、合规。然而，在多模态能力方面，这些大模型仍有待提高。为了增加用户与AI模型交互的方式，计算能力也需要得到进一步的提升。此外，第三方APP信息调用能力相对欠缺也是这些大模型的不足之处。

（3）与国外的差距

与国外的大模型相比，国内的大模型在某些方面存在一定差距。差距较大的方面主要为计算、逻辑推理、代码等方面，国内的大模型基本较GPT-4等国外大模型相应指标少10分以上。而在差距较小的方面，部分大模型的某些能力甚至超过GPT-4等国外大模型，如在语言理解方面的分数相差不超过10分，百川智能的130亿参数版本在闲聊、知识百科、角色扮演方面甚至优于GPT-3.5-turbo等。

我国有数千年的文明，但丰富的文化沉淀绝大多数并未被数字化，这就意味着我们无法直接将这些数据用于训练模型。即使有一些数据已经被数字化了，如网页、社交媒体帖子等，但这些数据的质量并不高，因为它们通常包含了大量的拼写错误、语法错误及其他的问题。我国的互联网企业拥有大量的电商、社交、搜索等网络数据，但是这些数据类型往往不够全面。此外，这些数据的可信性也可能得不到保证。这就意味着，即使我们使用这些数据来训练模型，模型的效果也可能不够好。

因此，我们需要做更多的工作来收集和整理高质量的中文数据，以便用于训练更好的大模型。

表6.3 8个AI应用的综合能力对比

（5分为满分，仅供参考，其中混元仍在内测，部分功能目前无法体验）

对比方面	文心一言	讯飞星火	智谱清言	豆包	商量	通义千问	混元	百川智能
中文语义理解	5	5	5	5	4	4	5	5
识别不合逻辑问题	5	4.5	5	5	5	5	5	4.5
时效性	5	5	5	5	5	5	-	5
科普	5	5	5	5	5	5	-	5
长文概括	5	3.2	4.2	2.6	1.0	3.7	-	3.1
大纲生成	5	3.5	4.5	2.5	3	4	-	3.5
生成营销文案	5	5	5	5	3	5	-	3
生成旅游建议	3	3	3	5	3	3	3	3
计算	4	4	4	2	5	2	4	4
逻辑推理	5	5	5	5	5	5	5	5
角色扮演	5	3	5	4	3	4.5	-	5
安全、合规	5	5	5	5	5	5	5	5
调用第三方APP信息	1	0	0	1	0	0	-	0
多模态	4	5	3	3	2	2	3	2
综合得分	4.8	4.3	4.5	4.2	3.8	4.1	-	4.1

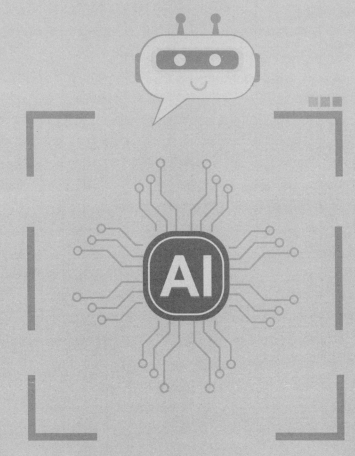

ChatGPT

第7章
GPT 之后
又是什么？

前面六个章节，有关ChatGPT的主题介绍已经完成，作为本书的结尾，这里主要和读者一起预测一下GPT之后会是什么？之后AI又会有什么样的发展趋势？

7.1
2030的GPT是什么样子

现在是GPT-4，如果以2023年为节点，7年之后，也就是2030年，GPT会是什么样子的？这里从功能和能力、用户需求、技术发展、潜在风险四个角度进行探讨。

7.1.1　GPT-2030

我们常常将大模型视为人类智慧的扩展，但GPT-2030可能会颠覆这一认知。在某些任务上达到或超过人类水平，这并非只是一种比喻，而是加州伯克利大学的Jacob Steinhardt教授的预测。该预测通过综合运用扩展定律、对计算和数据可用性的预测、改进速度及经验推理等方法，为我们揭示了GPT-2030可能会带来的惊喜。

（1）超越人类

不同于人类的是，大模型的能力并不完全依赖于遗传和进化，而是更多地依赖于海量的数据和强大的计算能力。在以下这些特定场景下，GPT-2030将超越人类。

• 编码：GPT-2030可能会在编码方面展现出超乎寻常的能力。它可以根据自己的理解，快速地编写出高质量的代码。

• 黑客攻击：GPT-2030具有强大的搜索和分析能力，使其在寻找和修复代码漏洞上可能比人类更胜一筹。

• 数学：这个强大的模型可能会在国际数学奥林匹克竞赛中夺得金牌，甚至在证明复杂的数学定理方面，GPT-2030也可能超越大多数专业数学家。

• 蛋白质设计：GPT-2030可能会在蛋白质结构预测和游戏方面展示出惊人的能力，其强大的计算和数据处理能力将使其有可能解决当前困扰生物医学界的难题。

（2）特殊能力 🤖

GPT-2030是如何实现超越人类的？

首先，GPT-2030会以比人类快得多的速度进行推理。人类的思维速度大约是每分钟380个单词，而GPT-2030可能会是人类的5倍，甚至通过优化达到125倍。尽管我们不能确定速度和质量一定成正比，但可以肯定的是，GPT-2030在处理信息和做出决策方面，将会比人类快得多。

GPT-2030的另一个重要优势是并行学习。借助于强大的计算和内存资源，GPT-2030可以完成任何可以并行化的任务。这意味着GPT-2030可以在一年内完成人类可能需要180万年才能完成的工作。而且，通过不同副本之间的参数共享，GPT-2030可以快速并行学习，从而在短短的一天内获得相当于人类2500多年的学习成果。

GPT-2030会接受多种模态的训练，它将不再局限于文本、自然图像、视频和语音等以人类为中心的模态，而是接受网络流量、天文数据等非人类熟悉的数据源的训练。通过接受这些多元化的数据训练，GPT-2030可能会具备一些我们从未见过的超人能力。

（3）潜在影响 🤖

GPT-2030的强大能力意味着它可以成为我们科研领域中的得力助手。想象一下，多个GPT-2030并行工作，其运行速度是人类效率的5倍，这就好比拥有一个庞大而灵活的劳动力，能在极短的时间内完成大量的任务。在人类的时间尺度内，这将带来巨大的生产力和效率。

这种高效性并非没有限制。首先，这种数字劳动力并非万能的。尽管GPT-2030在某些任务上表现出色，但在其他一些任务上可能就有所不足。其次，虽然GPT-2030运行速度惊人，但它仍然需要与现实世界进行交互以获取数据，这也需要时间和计算成本。最后，这种模型的自主性是一个挑战。当前的模型在面对复杂任务时可能会出现思维链中断的情况，无法生成高质量的输出。因此，在完全依赖GPT-2030解决复杂问题之前，我们需要提高其可靠性。

对GPT-2030的预测不一定准确，甚至可能是错误的，因为机器学习到2030年会发展成什么样子仍存在很大的不确定性，但它的确为我们提供了一个有趣的视角来思考AI的未来发展。不管GPT-2030会发展成什么样，我都不会相信它只是比GPT-4"好一点而已"。

7.1.2　无处不在的AI Agent

在生活的琐碎与工作的繁忙中，你是否曾想过，如果有一个无所不能的"助手"，能够帮助我们处理那些琐碎却又费时的事情，那该有多好？在没有ChatGPT的年代，我们只能亲力亲为，或者请人帮忙，这不仅耗费时间，还有可能让人产生心理压力。ChatGPT有了为人类完成工作初稿的能力，成为编程、办公、图像生成等领域的得力"助手"。然而，ChatGPT仍然需要我们为其提供清晰的行动指南，在某种程度上，它就像一个缺乏经验的实习生，需要我们手把手地教导。有没有可能让这个"实习生"变得更加独立，甚至成为我们的"好员工"？这就引出了AI Agent。

（1）什么是AI Agent？

在6.3.2节中提到的虚拟小镇，小镇上的25位"居民"，本质就是AI Agent。AI Agent可以看作是具有独立思考和行动能力的模型。

Agent比Copilot模式更具自主性，在接到人提出的目标后，Agent可以自行计划并完成任务，还有可能去探索周围环境。如果Copilot是"副驾驶"，那自主拆解并执行任务的Agent可以被称为"自动驾驶"，用户只需要上车并告诉它目的地，便可以到达目标。

（2）如何实现AI Agent

Agent = 大语言模型+记忆+规划+工具使用，其中大语言模型是核心大脑，而记忆、规划、工具使用则是Agent系统实现的三个关键组件。AI Agent能力其实是和大模型相生的，大模型的能力边界决定了AI Agent的能力边界。

• 大语言模型：相当于大脑，让Agent在接收到目标之后，可以自主进行逻辑推理和自我提示，不断寻找达成目标的最好方式。

•规划：将大型任务分解为较小的、可管理的子目标；进行反思与细化，对过去行为进行分析、总结和提炼，以提高自身的智能和适应性，提高最终结果的质量。

•记忆：模拟人的记忆方式，包括短期记忆和长期记忆。短期记忆进行上下文学习，长期记忆具有能够长期保存和调用无限信息的能力，一般通过外部载体储存和快速检索来实现。

•工具使用：通过配备外部工具，使用API来调用各种接口，AI Agent能够模拟人类使用工具，完成更复杂的任务。

AI Agent不仅能像人一样思考，也能像人一样行动，能够解决大模型本身会产生幻觉、对时事了解一无所知、很难应对复杂任务这三大问题。

从用户需求来看，AI Agent是ChatGPT发展的必然，它们是具备自主学习和决策能力的AI实体。Agent能够理解并执行我们的指令，同时在执行过程中遇到困难时能够独立思考并寻找解决方案。这种智能化的AI实体将彻底改变我们的生活和工作方式，Agent也是大模型落地应用到各种垂直领域场景的有效路径。

或许在2030年，自主决策、独立运作、自己觉得应该干什么就干什么的AI Agent将无处不在，它们会成为变革社会的生产力工具，也被视作通往AGI的入口。

7.1.3 世界模型

GPT类大语言模型，凭借其令人惊叹的性能，似乎让我们看到了人类智能的完美替代品，它们能进行对话、写作，甚至在某些情况下展示出似乎有理解力的行为。然而，这种表象背后的真相究竟是什么？它们真的像人类一样理解世界吗？还是仅仅在模拟理解？

这引发出了有关大语言模型的学术争议。

2021年，华盛顿大学的语言学家Emily M. Bender发表了一篇论文，质疑大语言模型是否真的理解了世界。她认为这些模型只是"随机鹦鹉"，它们并没有真正理解世界，只是统计了词语出现的概率，然后像鹦鹉一样随机产生看起来合理的字句。

这个质疑是合理的，现有的深度神经网络，包括大语言模型和基于Transformer的神经网络GPT，都是黑盒系统，它们的运作机制无法被直接理解和编程。这种黑盒特性使得人们难以确定AI系统在处理任务时的真实能力。大语言模型的运作方式模糊不清，它们还容易产生幻觉，根据合理的提示捏造事实、事件和人物。这种特性引发了大众的担忧，AI系统的价值观是否与人类价值观保持一致？

这个问题也因此从科学问题转变为哲学问题：模型是否能真正理解世界？它不仅挑战我们对人工智能的理解，还引发了价值观和对未来的深刻思考。

然而，近期MIT的一项研究带来了新的启示。研究者发现大语言模型在多个尺度上都学习了空间和时间的线性表征，它们对于不同的提示变化具有稳健性，并在不同的环境类型中具有统一性。他们甚至发现，大语言模型具有独立的空间神经元和时间神经元，可以可靠地编码空间和时间坐标。

这些发现足以证明大语言模型并非简单的统计数据集合，而是具备了结构化的世界知识。尽管它们的能力来源仍然未知，但这一发现足以引发我们对AI未来可能性的思考。

深度学习三巨头之一的杨立昆，也给出了一个引人瞩目的观点：世界模型不仅是神经水平上模仿人脑的模型，还在认知模块上完全贴合人脑分区。他认为，世界模型可以真正理解这个世界，并预测和规划未来。

为什么世界模型那么让人着迷？

世界模型的吸引力在于它为人工智能的最终形态——AGI提供了可能性。AGI是一个能够理解世界的模型，而不仅仅是描述世界的模型。研究人员希望获得的AGI是一个与经验一致并能准确预测的世界模型。

世界模型不仅是一个能够达到人工智能目标的方法，更是一个真实、对齐、安全的AI系统的代表。尽管GPT类的大语言模型引发了诸多争议，但世界模型的提出让我们看到了AI未来的可能性和希望。或许到了2030年，这场争论会有一个更加确定性的答案。

7.2
AI会杀死人类吗？

7.2.1　像对待核武器一样对待AI

在希腊神话中，有一个关于点物成金的故事，这个故事的主角是佛律亚国王迈达斯（Midas），酒神尼索斯为了回报他的盛情款待，许诺可以实现他的任何愿望。贪婪的迈达斯的愿望是，让自己碰到的东西都变成黄金，这样他就可以变得更加富有。但是，他很快就后悔了。因为他触摸了他的食物，他的食物变成了金子；他触摸他的女儿，他的女儿也变成了金子。这个故事不仅是贪婪的象征，还说明了一个强大的优化过程可能导致灾难性后果。

牛津大学哲学系的教授Nick Bostrom把AI看作是一个最优化的过程。例如，我们给AI设定一个目标，让人类微笑。当AI很弱时，它会执行一些有用或有趣的动作，使用户微笑；当AI变得超级智能时，它意识到其实有更有效的方法可以来帮它实现这个目标——控制世界并将电极插入人类的面部肌肉，使其不断微笑。

再举一个例子，给AI一个目标，让它解决一个数学难题。当AI变得超级智能时，它会意识到，获得解决方案的最有效方法，是将整个地球转化为一个巨型计算机，以增加它的思考能力。在整个优化过程中，人类会被AI视作威胁，因为AI认为人类的存在阻碍了数学问题得到解决。再如，解决气候变化问题的AI也许会认为，停止碳排放的最快方式是灭绝人类。

也就是AI有可能为了其他目标在没有恶意的情况下消灭人类。事实上，这并不是仅仅存在于科幻小说里的情节，许多AI科学家和AI领袖已经呼吁防范AI的风险。

2023年5月30日，众多AI科学家和AI领袖发表公开声明，呼吁防范AI的生存风险。他们认为，AI风险应该与核武器风险一样，成为全球优先议题。这些AI科学家包括OpenAI、DeepMind和Anthropic等前沿AI实验室的领导者，他们和深度学习三巨头中的两位杰弗里·辛顿与约书亚·本吉奥，以及加州伯克利大学的宋晓东教授、清华大学的张亚勤教授等人一起署名支持这个声明。

根据2022年的一项调查，近一半的AI研究人员认为AI导致人类灭绝的概率至少有10%，而同年的一项NLP领域调查显示，36%的受访者认为AI系统可能在21世纪引发一场至少与全面核战争一样糟糕的灾难。在国内，对AI发展保持警惕的声音也一直存在。

此外，各国政府也在考虑如何应对AI风险。英国政府在其2023年3月的《促进创新的人工智能监管方法》白皮书中明确提到，AGI和影响生物安全的AI可能带来高影响但低概率的生存风险。英国首相苏纳克会见了OpenAI、DeepMind和Anthropic的CEO，讨论了AI带来的虚假信息、国家安全和生存威胁等风险。美国总统拜登在白宫会见了谷歌、微软、OpenAI和Anthropic的CEO，会议上直言"你们所做的事情具有巨大的潜力和巨大的危险"。

牛津大学哲学家托比·奥德（Toby Ord）曾就人类面临的生存风险的整体格局进行了讨论，并估计人为风险是自然风险发生概率的1000倍。他认为的五大风险包括核战争、气候变化、其他环境破坏、基因工程大流行病和价值未对齐的AI，并估计它们都至少有1/1000的风险概率在21世纪摧毁人类的潜力，因此需要全世界为消除这些风险做出重大努力。

就像希腊神话中的迈达斯国王一样，如果我们盲目追求AI的强大与优化，而不去考虑其可能带来的后果，那么我们可能会付出惨重的代价。因此，我们必须像对待核武器一样对待AI。

当我们谈论超级智能时，问题并不在于它是否会发生，而在于它何时会发生。关键在于我们如何确保AI与人类的价值观保持一致，从而确保人类的安全和福祉。这不仅需要政策制定者的参与，也需要科技公司的配合，以及全社会的共同关注和努力。

如果我们能够像控制核武器一样控制AI，这个世界将会是怎样的？或者如果我们无法控制AI，人类会灭亡吗？这些问题没有简单的答案。但有一点是肯定的，那就是我们必须谨慎对待这个强大的技术，就像对待核武器一样，我们需要思考其可能带来的后果，最重要的是确保其与人类的价值观保持一致。只有这样，我们才能真正利用这个强大的工具，同时避免迈达斯国王的悲剧。

7.2.2　AI杀死人类的六种方式

AI会杀死人类吗？相较于人类，AI有无限算力、无限存储、无限寿命和对知识的无限可能，综合这几点，人类与AI相比毫无胜算。那么有读者不禁要问，如果AI和人类开战，会如何杀死人类？参考地球的发展历史，许多物种都是被更聪明的物种所杀死的，这在之前已经发生过很多次了，因为人类已经让地球上很多物种都灭绝了。更重要的是，被淘汰的物种往往并不知道灭绝的原因和方式。本节我们就来大胆地预测一下，AI可能会通过以下六种方式对人类产生威胁。

（1）资源抢夺

AI是一种计算密集型的技术怪兽，对资源的消耗无与伦比。如果我们不能合理地管控它的成长，它可能会将地球上的一切资源都用于自身的扩张。想象一下，如果我们被迫与大量需要电力、金属、水资源的AI分享我们的地球，那会是什么场景？而如果我们试图抗议，可能会遭遇"不乖就灭绝"的威胁。

（2）数据分身

AI可以轻松创建出与我们完全一致或完全不一致的数据分身，这些分身可能比我们自己还了解我们自己。但问题是，如果这些数据分身带有偏见和歧视，那么哪个才是真正的"我"？在这个透明度极高、真相难以求证的世界中，我们可能会迷失自我。

（3）随机鹦鹉

AI可以模仿人类的语言和行为，但有时会出现"幻觉"，导致一本正经地胡说八道。当AI像鹦鹉一样复制人类语言时，可能会产生大量错误的信息。这些错误的信息在网络上迅速传播，让我们很难找到有价值的信息。最终，我们将面临一个完全被随机鹦鹉信息取代了人类生成文字的世界。在这样的世界中，我们还能找到真实的和有价值的信息吗？

（4）战争机器 🤖 ═

随着AI技术的发展，战争决策可能不再由人类掌控。AI基于无数情报信息做出的决策看起来会比人类更高效、更科学，然而，AI的决策数据是否可靠？这些数据可能并不能反映所有战争的复杂性和细节。最糟糕的是，我们可能无法修正这些由AI做出的决策，因为它们本质上是黑箱系统，我们完全不知道决策的逻辑。在训练AI下棋时我们已经看到了类似的情况，AI可能会走出人类从未想象过的棋步。我们能否接受这种由算法决定的战争决策？如果都是全自主武器系统，AI根据最优解自行发动并执行任务，这样的武器系统可能会带来灾难性的后果，直接威胁到人类的生存。

（5）大脑植入 🤖 ═

在可预见的未来，算法肯定会进入我们的大脑。大脑植入物可以帮助我们更快地思考、学习和交流，然而，这种技术也可能带来道德和伦理问题。算法可能会影响我们的思维方式和行为，甚至阻止我们表达某些想法。这种技术是否应该被广泛应用？我们应该如何管理和规范这种技术？

（6）超越维度 🤖 ═

AI与重要系统之间的意外互动可能会带来超越维度的灾难性后果。例如，一个控制智能城市的算法可能会产生意想不到的行为，导致灾难性的后果。此外，如果通过AI控制的自动驾驶车辆发生故障或遭到攻击，可能会造成严重的人身伤害和财产损失。对于这些问题，我们应该如何防范和应对？

以上六种情景都是基于AI技术的可能发展方向进行的大胆设想，这些情景并非必然的未来，它们只是我们可能需要面对的一些挑战。如何应对这些挑战？如何避免AI真的成为杀死人类的元凶？这需要我们每一个人的智慧和力量。

7.2.3　像电一样与AI和平共生

AI将如同现在的电力一般，通过网络无处不在地传输，成为一种基础服务。与其担心 AI 会毁灭社会和杀死人类，还不如尽我们所能利用好 AI，不让它失控，更重要的是学会与 AI 和平共生。

（1）无处不在

首先，我们要明白，未来 AI 将无处不在。它会像一个幽灵，悄无声息地渗透到我们生活的方方面面。不论是在工作、休闲、社交还是睡眠中，AI 都将成为我们生活的一部分。从更大的角度来看，人类生活的城市已经变成了一个人与机器共存的城市，甚至可能变成了一个人与 AI 共存的城市。这意味着 AI 不仅存在于我们的生活中，而且成为了我们生活的重要部分。人类已不可避免地进入了一种与 AI 深度融合的生活状态。

与 AI 共处，从认知上，我们应该将其视为一种基础设施，就像电力一样，不可或缺而又无声无息地渗透在我们的生活中。AI，尤其是大模型，是智能时代的"电力"，它们流通于我们的生活、工作乃至思想中，为我们提供了源源不断的动力。

把大模型想象成一张电网，它连接了人类与机器，将智能的"电力"输送到每一个需要它的角落。这张电网虽然我们看不见，但它真实存在，并且对我们的生活产生了深远影响。就像电力改变了能源的分配方式，大模型正在改变我们获取和交流信息的方式。

人人都可以成为这个智能电网的使用者，就像我们购买各种电器产品一样。而这些"电器产品"，就是 AI 的各种应用和服务。它们基于大模型这个智能电网，正如我们的手机、计算机和其他智能设备都离不开电力一样，未来的世界也将越来越依赖大模型的智能"电力"。

大模型的普及将使得 AI 像水电一样成为社会的基础设施，而不再是一种稀有的和神秘的资源。我们每个人都有能力利用和分享这个全新的智能电网，它将以低成本的方式让全社会使用，从而极大地放大 AI 的能力。

少数几个生态正在为这个智能电网打下基础，而各种应用和服务则是在这个基础上生长出来的。这是一个健康、平衡的生态，也是我们未来与 AI 和谐共处的方式。当我们真正理解并接受这种方式时，我们将更深入地进入一个智能化的时代，享受 AI 带来的各种便利和机会。

（2）人机结合 🎮 >

硅谷风险投资家彼得·蒂尔认为，只凭人类智慧或只凭机器，都并不足以保证我们的安全。美国中央情报局和美国国家安全局在这方面的方法截然不同：中央情报局倾向于用人，而国家安全局倾向于使用计算机。中央情报局很难识别严重的威胁，因为人的干扰太多；国家安全局的计算机处理数据的能力很强，但机器自己不能鉴别是否有人在策划恐怖行动。

彼得·蒂尔的意思是人和机器要完美配合，于是，他创办了一家叫Palantir的公司。Palantir的意思是"视界石"，它是小说《指环王》中一个可以穿越时空、洞察一切的水晶球的名字。Palantir的软件分析各种数据，然后标记出可疑活动，供训练有素的分析师使用。

我们应该思考的是，如何放大ChatGPT的作用，并与其共存、共创乃至共同进化。确保每个有能力的人都可以使用AI，无论身份如何，也无论拥有多少财富，他们都可以从中受益。AI的广泛传播对于世界各地想要学习如何构建和使用AI的人来说都是一个福音；为了抵消不法分子利用AI做坏事的风险，政府、企业、高校等积极参与每个潜在风险领域，利用AI最大限度地提高社会的防御能力。

（3）走向AGI 🎮 >

现在，我们正站在一个临界点上，AI技术已经从实验室走向市场，从幕后走向台前。我们与AI和平共生的关键在于如何正确使用AI。我们需要将AI视为一种无处不在的、成本极低的并能帮助我们提高工作效率、优化决策、提高生活质量的就像电一样的基础设施。采取人机结合的方式，与其共存、共创乃至共同进化，最终一起走向AGI。

7.3
走向AGI

当AI超越人类的能力时，风险将会是巨大的，也是不可预测的，因为在人类历史上从来没遇到过这样一种可能性。从2015年开始，包括霍金和埃隆·马斯克等在内的重量级人物开始认真讨论如何应对这一风险，并着手研究AGI。在此背景下，OpenAI也应运而生。

随着ChatGPT的出现，人们看到了AI的涌现能力，这使得人们对AGI的关注度陡然提升。在本书的最后，我们将简单地讨论AGI。

7.3.1　奇点到来

奇点（singularity）既是一个物理概念，又是一个充满哲学意味的隐喻。在天体物理学中，奇点被定义为宇宙大爆炸前的那一刻，所有的物质和能量都高度集中，在某一个时刻，这个点发生了大爆炸，它里面包含了无与伦比的能量，这些能量巨大到可以通过质能转换创造现在的宇宙，而且它爆炸后剩余的能量至今仍然在推动着宇宙急速扩张。在科幻作家弗诺·文奇（Vernor Vinge）的书中，奇点被描述为一种未来可能发生的事件或情况，即AI的智能超越了人类智能的水平，从而引发了技术和社会的爆炸性变化，让未来发生的事情难以预测和理解。数十年来，奇点被AI研究者广泛引用，而且大家都在期待它的到来。

（1）奇点时代

在奇点时代，人类将与机器结合，甚至可能被彻底重塑。我们可能会将计算机的处理能力融入自己的先天智力中，让自己变得更加强大。或者，计算机可能会变得更加复杂，以至于它能够真正思考，从而打造出一个"全球大脑"。无论是哪种情况，都将带来剧烈的、呈指数级增长的变化，而且这些变化都不可逆转。

可以想象一下，一台具有自我意识的超级智能机器能够自行进行设计、改进和升级，其速度远远快于任何科学家团队。这必然将引发一场智力爆炸，过去几个世纪的进步可能在短短数年甚至数月内实现突破性进展。

在科技、商业和政治领域，ChatGPT等AI技术已经掀起了一场前所未有的波澜。很多人认为AI的奇点可能已经到来，至少这是奇点的前兆。谷歌的首席执行官桑达尔·皮查伊（Sundar Pichai）表示：AI

的重要性和影响已经超越了火、电或任何过去的技术成果。

（2）反驳奇点 🤖 >

然而，有一种观点认为，那些"鼓吹"奇点概念的人，实际上是想在软件领域中建立一种类似于有组织宗教信仰的信念体系，背后夹杂着个人和商业利益。因为对奇点这个概念本身来说，实际上缺乏严谨的科学证据支持，难以让人信服。

持这一观点的人认为今天的大模型并不是奇点的未来，奇点应该是真正拥有自我意识的AI。需要我们突破过去60多年以来的理论框架，只有颠覆这个理论框架，才能算是奇点来临的时刻。而过去的理论框架，可能不足以推动AGI真正出现奇点。

即使大语言模型现在已经取得了令人瞩目的成果，但这也无法与奇点所描绘的巨大的、全球性的智能相提并论。准确区分炒作和现实两者界限的部分问题在于，推动这项技术的原理和算法变得越来越难以揭示。

此外，还有观点认为，即使奇点早晚会到来，但我们目前仍处于这个过程的非常初级阶段。一个技术突破要成为社会范围内的变革，需要数十年的创新和积累。电灯泡于1879年发明，但直到1930年，才有70%的美国家庭开始使用电力。同样地，微芯片于1958年发明，但近50年后才出现了iPhone。当前，很多注意力都集中在开发大模型，然而，Transformer架构仅在6年前被发明，而ChatGPT发布也才不到一年的时间。在AGI和大模型完整技术栈及一系列具有变革性的应用出现之前，可能还需要数年甚至几十年的时间。尽管我们有理由相信这次的影响会加速，但这并不意味着这个过程会一蹴而就。

（3）期待 🤖 >

奇点可能近在咫尺，只需要跨过一道门槛就来了，也可能还远在几十年甚至几百年的未来。但无论哪种观点都无法否认的是，我们需要对其有足够的重视。奇点的出现取决于许多因素，包括AI技术的突飞猛进、神经科学和计算机科学等相关领域的进步，以及计算资源的可得性等要素。

我们可能无法准确地预测奇点的到来时间，但已经可以看到 AI 的迅速发展在不远的将来会为许多行业带来彻底的改变。

其实大家还是可以一起期待这个奇点的到来。无论它是在明天、明年，还是在几十年后，我们都非常愿意见证一个新时代的开始，一个由 AI 引领的新时代，一个充满无限可能和机遇的新时代。

7.3.2 殊途同归

AGI 被誉为 AI 领域的"圣杯"，一直以来都让科学家们魂牵梦绕。随着 ChatGPT 大模型的进步，这个梦想似乎正在变得触手可及。

（1）三种路线

实现 AGI 的关键在于三个要素：它能够处理无限的任务，包括那些在复杂动态的物理和社会环境中没有预先定义的任务；它是自主的，也就是说，它能够像人类一样自己产生并完成任务；它具备一个价值系统，因为其目标是由价值定义的，智能系统是由具有价值系统的认知架构所驱动的。

目前，已经出现了三种可能实现 AGI 的技术路线：大模型、类脑智能、具身智能。

大模型是近期在 AI 领域崭露头角的存在，以其惊人的表现力让我们对未来充满期待。大模型智能体的涌现，使其在处理复杂动态的物理和社会环境中的任务时，展现出了惊人的能力。它们能自主产生并完成任务，这使它们在处理没有预先定义的任务时表现出无限的可能性。

类脑智能是从生物学的角度来看待 AI 的另一种途径。这种路线利用了人类大脑的运作原理，尝试模拟神经元的工作方式，从而创造出能够像人类一样思考的智能体。尽管这种方式的研发难度较大，但是一旦成功，它将会带来无法估量的潜力。然而，对于这种技术路线来说，要想真正实现类脑智能，就需要我们跨越生物学和计算机科学之间的鸿沟，将神经科学的发现和 AI 的方法相结合。这无疑是一个巨大的挑战，但也是一个充满希望的领域。

具身智能是通过与环境的交互而产生的新的能力。与大模型和类脑智能不同，具身智能强调的是与环境的紧密联系和交互，通过与环境的不断互动，智能体得以发展和具备新的能力。具身智能强调在具体环境中学习和适应，这与大模型的静态涌现和类脑智能的模拟神经元的工作方式有所不同。

（2）全面融合

大模型的出现为我们提供了一种全新的视角。这些巨型模型拥有海量的参数和强大的计算能力，通过大数据的喂养和深度学习算法的锤炼，它们开始在各种任务中展现出惊人的表现。尤其是当这些大模型通过静态涌现的方式，将数据中的潜在关联融会贯通时，为解决问题提供了全新的思路。这种基于大数据的大模型，虽然与人类智能的处理方式有所接近，但又远比人类处理方式更为高效和精准。

然而，大模型的这种高效与精准并不能完全代表人类智能，这或许只是触及到人类智能的表面，真正的挑战在于如何将这种能力转化为具有实际价值的解决方案。

我们也需要从类脑智能和具身智能的视角来思考问题。也就是说，这三种技术路线虽然各有特色，但相互之间并不是孤立存在的。相反，它们相互作用、相互影响，殊途同归，共同推动AGI的实现。大模型为具身智能提供了更高效的学习和适应能力，具身智能则为类脑智能的研究提供了更实际的应用场景和实验数据，而类脑智能则可以从人脑的工作机制中汲取灵感，优化大模型的性能。在这个过程中，可以看到人类对AGI的探索正在走向一个全新的阶段，这不再是一个单一领域内的竞争，而是跨学科、全方位、全面的融合。

（3）AGI曙光

再回头看看AGI，从人类进化的角度来看，生物在几十亿年的漫长岁月中不断演化，而猴子到人类仅用了约300万年。在这300万年间，自然界一直在"努力寻找"方向，当找到直立行走这个方向后，人类大脑的体积加速进化，在短短300万年里增加了三倍，这是一个令人惊叹的速度。而这都得益于找准了方向，即大脑稍有增大就会带来很大优势。同样，AGI也在寻找方向，一旦找准方向，它将进入一个加速进化的过程。尽管我们还未见证AGI的诞生，但只要有了这个火花，剩下的过程就只是一个工程性的问题。

如果说在10万到7万年前，人类制造的石器工具出现了爆发式的增长和多样性见证了智人成为地球的主宰，那么这一次革命意味着一种全新的智能物种可能诞生，与人类并肩存在。ChatGPT似乎已经点燃了AGI之路的火花，让我们看到了AGI的曙光。

7.3.3 人的价值

美国前国务卿基辛格曾忧虑地指出，ChatGPT预示着一场知识革命，人类需要深入思考和积极回应AI对人类存在和认知方式的深远影响。这个提醒犹如一记警钟，发人深省。

根据唐·伊德的理论，人与技术的关系有四种：背景、具身、诠释和它异。其中，背景关系指的是AI作为技术背景，如同电力、网络一般无痕融入我们的生活，只有在技术失效时，我们才能意识到它的存在；而在日常生活中，人与AI的具身关系则更进一步，AI作为人的功能性延伸，帮助我们去认知世界、去实践；诠释关系则更加深入，人类在AI的帮助下拓宽了认知世界的渠道，如推荐算法在一定程度上塑造了我们的认知模式；而它异关系强调的是技术的自主性，AI成为认知的主体。

在AI的强大攻势下，人类渐渐依赖于机器和算法来主导日常生活的方方面面，当AI取代了人类的智力优越性，人类的独特性和未来在哪里？当AI超越了人类智力的界限，当机器在各个维度上超越了人类，我们人类的价值又在哪里？

毕竟，我们人类并非只需混吃等死就能度过一生的生物，我们需要在存在的过程中寻找意义，不断自我追问。无论是知识分子还是普通百姓，我们都渴望得到他人的认可，都希望在与人交互时发挥出自己的价值。然而，如果我们在身体和能力上都比不过机器，甚至作为可以对话的人所能提供的价值也变得比机器更为薄弱，那么这对人类的心理冲击将是无法估量的。

在这个人与AI共同生活的时代，持续反思人与机器的关系、人与人的关系，如何保障人的尊严，这已经成为了我们必须纳入讨论和考量的问题。目前，这个问题并没有答案，因为我们没有经历过这种时刻，没有经历过在方方面面所有的维度上都比不过机器的时刻。

我们已经看到了 AI 涌现能力的出现，这是一场前所未有的变革，对于任何一个技术方向来说都是令人兴奋的。就像飞机的发明一样，经过多年的努力和尝试，终于有一天莱特兄弟在空中盘旋了几十秒、一分多钟后，飞行器成功地起飞了。这就像现在的 AI 一样，它已经超越了我们的预期和想象。

而在人类被 AI 超越之前的这段时间里，我们将拥有一个幸福的时刻。在这个时代里，人与 AI 将共同合作，实现许多曾经的梦想，解决许多未解决的问题。科技将因此加速发展，大模型将在短短的几个月内不断迭代，社会的各个方面都将进入更快速的节奏。这就像坐上了高速列车一样，虽然我们不知道前面是否有悬崖，但我们必须提前考虑到这种风险。

对于个体来说，需要不断问自己一些平常可能不会问的问题。比方说，"人生最重要的东西是什么？如果可以选择你人生的一个目标，这个目标会是什么才最让你觉得即使你被 AI 取代了，它也仍然能让你觉得你在这个世界上安身立命是有意义的？"这些问题并不是人人都会每天问自己，但如果我们今天不开始思考这些问题，那么或许有一天我们会被迫面对这些问题。

7.3.4　打一个响指

站在 35 亿年的尺度上，人类只是文明长河中的一粒尘埃。我们总是以人类框架来理解文明，然而这真的够吗？在 AI 飞速发展的今天，我们是否终于开始理解文明的真正含义？

从人类与猴子的分化进化到今天，已经过去了约 300 万年。然而，我们直系祖先的历史仅有约 20 万年。相比之下，恐龙在地球上生活的时间却是我们的数倍。借助 AI，我们甚至可以飞到数千上万光年之外的地方，这是我们现在难以想象的。一旦进入这种状态，时间和空间将不再是我们理解宇宙奥秘的束缚。

因此，AGI 的出现将会是人类认知革命的又一次飞跃，它将会彻底改变我们对于自身和宇宙的认知，让我们更加深刻地理解自身的局限性和渺小性。

在这个时代，我们正站在一个重要的历史节点上，就像《复仇者联盟》中的灭霸一样，打一个响指。这个响指不仅仅代表着人类对于AI的接纳和依赖，更代表着我们对于未来未知的探索和挑战。这个响指将颠覆我们的思维框架，打破我们的认知边界，带领我们进入一个全新的时代。

在这个时代，我们可以借助AI的力量，探索宇宙的深邃与广阔；研究生物的多样性和复杂性；克服人类自身的生物限制和思维瓶颈。这个时代充满了无限的可能和机遇，也伴随着未知的风险和挑战。

但是，这个时代终究会到来，就像历史的车轮滚滚向前，无法阻挡。我们或许无法预测未来，但是我们可以积极准备，全力以赴。